高等职业教育“十四五”系列教材

大学生信息检索与网络安全教程

主　编　刘　军　杨昌尧　黄荣森

副主编　王征海　王小金　钟　毅

中国水利水电出版社
www.waterpub.com.cn
·北京·

内 容 提 要

本书共 8 章，分别介绍了计算机信息检索基础知识、Internet 信息资源及其检索、中文数据库资源检索与利用、其他科技信息资源检索与利用、毕业论文写作及其检索、网络安全概述、病毒与后门技术、大学生网络安全，目的是帮助提高大学生的信息检索能力和增加网络安全知识。本书内容丰富、结构清晰，既有理论知识讲解，又有经典应用实例，使读者能通过对照练习来巩固所学理论知识。

本书可作为高职高专院校“信息检索与网络安全”课程的教材，也可作为图书馆和信息机构岗位培训用书。

图书在版编目（CIP）数据

大学生信息检索与网络安全教程 / 刘军，杨昌尧，黄荣森主编. -- 北京 : 中国水利水电出版社，2022.12
高等职业教育“十四五”系列教材
ISBN 978-7-5226-1394-9

Ⅰ. ①大… Ⅱ. ①刘… ②杨… ③黄… Ⅲ. ①信息检索－高等职业教育－教材②计算机网络－网络安全－高等职业教育－教材 Ⅳ. ①G254.9②TP393.08

中国国家版本馆CIP数据核字(2023)第004870号

策划编辑：陈红华　责任编辑：赵佳琦　加工编辑：刘瑜　封面设计：梁燕

书　　名	高等职业教育“十四五”系列教材 大学生信息检索与网络安全教程 DAXUESHENG XINXI JIANSUO YU WANGLUO ANQUAN JIAOCHENG
作　　者	主　编　刘　军　杨昌尧　黄荣森 副主编　王征海　王小金　钟　毅
出版发行	中国水利水电出版社 （北京市海淀区玉渊潭南路 1 号 D 座　100038） 网址：www.waterpub.com.cn E-mail：mchannel@263.net（答疑） sales@mwr.gov.cn 电话：（010）68545888（营销中心）、82562819（组稿）
经　　售	北京科水图书销售有限公司 电话：（010）68545874、63202643 全国各地新华书店和相关出版物销售网点
排　　版	北京万水电子信息有限公司
印　　刷	三河市德贤弘印务有限公司
规　　格	184mm×260mm　16 开本　11.5 印张　287 千字
版　　次	2022 年 12 月第 1 版　2022 年 12 月第 1 次印刷
印　　数	0001—3000 册
定　　价	35.00 元

前　　言

因特网是一个巨大的信息资源宝库，但怎样才能从浩瀚的信息海洋中迅速找到自己需要的那一滴水呢？本书的编写目的就是帮助大学生迅速掌握信息检索技术和网络安全知识，以便早日高效安全地遨游于信息海洋，胜任本职工作，适应社会的发展。

本书分 8 章介绍了计算机信息检索基础知识、常用的网络信息资源及其检索、网络安全基础知识及应对等内容，重点介绍了几种常用搜索引擎、网络爬虫、中文数据库的基本检索方法及网络信息检索技巧等，增加了网络信息利用、梳理、整合等相关方面的内容，如资料的加工与整理、科技论文的写作方法等，以期提高大学生在网络环境下利用信息资源的能力。本书内容实用、语言精练、图文并茂、例证丰富、操作步骤明晰，可作为高职高专院校的公共课教材，也可供教师、科研人员参考。

本书由湛江幼儿师范专科学校的刘军、杨昌尧、黄荣森任主编，王征海、王小金、钟毅任副主编。网络信息更新速度快，网站经常会发生变动，有的关闭，有的更新，故请读者注意，如果发现网站内容变化，可用搜索引擎寻找更新后的地址。因编者水平有限，书中难免有疏漏甚至错误之处，恳请读者批评指正。

编　者

2022 年 11 月

目　　录

第 1 章　计算机信息检索基础知识

1.1　信息检索概述

1.1.1　信息的定义

信息是物质的一种基本属性。它是自然和人类社会中一切事物自身的运动状态与方式，是事物的内在联系和含义的表征。

1.1.2　信息的特征

1. 客观性

信息不是虚无缥缈的事物，它的存在可以被人们感知、获取、传递和利用。信息是现实世界中各种事物运动与状态的反映，其存在是不以人的意志为转移的。客观、真实是信息最重要的本质特征。

2. 时效性

由于事物是不断变化着的，那么表征事物存在方式和运动状态的信息也必然会随之改变。在现代社会中，信息的使用周期越来越短，信息的价值实现取决于对其及时的把握和运用。如果不能及时地利用最新信息，信息就会贬值甚至毫无价值，这就是信息的时效性，即时间与效能的统一性。它既表明了信息的时间价值，也表明了信息的经济价值。

3. 载体性

信息必须依附于一定的载体（如声波、电磁波、纸张、化学材料、磁性材料等）才能流通和传递，否则信息的价值就不能体现。信息可以存储在不同的载体上，但其内容并不因记录手段或载体的改变而发生变化。例如关于筑路机械的信息，不论是刊登在报刊上、发布在电视节目中还是存储在光盘中，其内容和价值是同样的。

4. 传递性

信息依附于一定的物质载体后，其传递和流通便成为可能。信息的传递性是指信息从信源出发，经过信息载体的传递被信宿接收并进行处理和利用的特性。不同载体上的信息可以通过人际交流或大众传媒等手段传递给信息用户，这种跨越时空的传递特性是实现信息资源共享的基础，是将信息最大化利用的保证。

5. 可塑性

信息在流通和使用过程中，人们借助于先进的技术，可以对其进行综合、分析和加工处理。也就是把信息从一种形式变换成另一种形式，如可以将一本图书加工为题录或文摘等形式，从而方便用户的选择和利用。不过在信息的加工过程中，信息量会减少或增加。用户可根据检索需要选择不同的信息形式。

6. 共享性

共享性是指同一信息同时或不同时被多个用户使用，而信息的提供者并不因此而失去信息内容和信息量。信息的共享性可以提高信息的利用率，人们可以利用他人的研究成果进行进一步创造，避免重复研究，节约资源。

1.1.3 文献的定义

文献是记录知识的一切载体的统称，即用文字、图形、符号、声音、音频、视频、编码等手段记录的某种知识信息的各种载体，具有存储和传递知识信息的功能。

文献的定义包含了文献的以下 3 个要素：

（1）知识信息内容。这是文献的灵魂所在。

（2）载体材料。即可以提供记录知识或信息的物质材料。

（3）记录方式。即用文字、图形、符号、声音、视频等方式和相应的技术手段把知识或信息记录在一定的物质载体上。

1.1.4 文献的分类

1. 文献按其出版形式分类

（1）图书（Book）。图书是历史最悠久、最传统的信息类型。其内容是总结性的，具有全面、系统、成熟的特点，但出版周期长，传递信息的速度较慢，老化速度快。近年来增长迅速的电子图书可在一定程度上弥补纸质图书的不足。

（2）期刊（Periodical）。期刊比图书的出版周期短，刊载文献速度快、数量多、内容新，能及时反映某一研究领域的学术发展水平，所以很受用户的重视。随着电子信息资源的大量涌现，信息用户将主要通过期刊全文数据库实现检索目的。

（3）会议论文（Conference Paper）。会议论文又称会议文献，是将学术会议或专业会议上交流的论文编辑出版的信息。会议论文内容新颖，专业性和针对性强，传递迅速，能及时反映某个专业领域的研究水平和动向，是了解学科发展的重要信息源。但不经出版者公开发行的会议文献一般难以获得。

（4）专利文献（Patent Document）。专利文献又称专利说明书，是一种集经济、技术与法律为一体的信息形式。它是专利申请人向专利机构提交的说明该项发明的目的、优点、技术原理和专利权限的书面文件。也就是说，专利文献是发明的书面形式。一项新的专利代表着一个科研领域的最高水平。毋庸置疑，专利说明书包含丰富的技术信息，有极高的含金量。统计表明，全世界新技术的 90%～95%是通过专利文献公布于世的。专利说明书主要由专利文献馆和省级以上科技信息所收藏。

（5）科技报告（Sci-Tech Report）。科技报告又称技术报告、研究报告。有些科技报告是由政府部门出版的，所以也称之为政府报告。技术报告是记录研究工作和开发调查工作的成果或进展情况的一种信息类型。科技报告的内容新颖、详尽、专业，出版及时，报道科技成果的速度要快于期刊及其他文献。大部分科技报告是保密或控制发行的，只有少数公开或半公开发表，因其不易获取，又被称为“灰色文献（Grey Document）”。

最著名的科技报告是美国的四大报告：①PB 报告（土木建筑、城市规划、环境污染、生物医学等）；②AD 报告（军事、航空航天、物理、材料工程技术等）；③NASA 报告（航空和空间科学等)；④DOE 报告（能源保护、矿物燃料、核能、太阳能等）。在我国，国家图书馆、上海图书馆、中国科技信息研究所和国防科技信息研究所等收藏有较全面的科技报告。

（6）标准（Standard）。标准主要指技术标准，是对各种产品、元件、工程建设质量、规格、检验方法等作业的技术规定，具有约束性、时效性和针对性，是各类生产建设工作的共同依据。标准对于产品更新换代、工艺水平的改进、产品质量的提高以及市场竞争力的加强可以发挥非常重要的作用。中国标准化综合研究所标准馆、省级技术监督部门的文献馆、科技信息所和图书馆收藏有标准文献。

（7）学位论文（Dissertation）。学位论文是高等学校或研究机构的学生为获得某种学位而撰写的科学论文，一般指学士论文、硕士论文和博士论文。不过学位论文的质量参差不齐，其中博士论文的参考价值较大。学位论文一般不出版发行，通常只在学位授予单位的图书馆和按国家规定接受呈缴本的国家版本图书馆保存副本。

（8）技术档案（Technical Records）。技术档案是在技术活动中形成的，是某个工程对象的技术文件、图样、图表、照片、原始记录等。其内容真实、详尽、准确可靠，是科研和生产建设工作的重要依据。它可以重复实践或改进后重复实践，而且具有明显的保密性，具有很高的参考价值。国家级和省级的档案馆是保存档案的重要场所。

除以上介绍的信息类型外，信息的出版形式还包括产品资料、报纸、计算机软件等。

2. 文献按其加工程度分类

（1）一次文献或原始文献。例如专著、报刊、论文、会议文献、学位论文等。

（2）二次文献。又称检索性文献，是在一次文献的基础上加工而成的文献，具有揭示文献内容特征（主题、分类）或外表特征（作者、篇名）的功能。例如目录、索引、文摘、题录等。

（3）三次文献。指利用二次文献的线索，系统地检索出一批相关文献，并对其内容进行综合、分析、研究和评述而编写的文献。例如综述、工具书等。

3. 文献按其载体形式分类

（1）印刷型文献。

（2）机读型文献（需要借助一定的机器设备方可阅读的文献）。

（3）缩微型文献。

（4）视听型文献。

（5）数字化型文献。

印刷和数字化是主要的文献载体形式。

1.1.5　信息检索的含义

从广义上来说，信息检索是指将信息按一定的方式组织和存储起来，并根据信息用户的需要找出有关信息的过程，其全称为信息的存储与检索（Information Storage and Retrieval）。

从狭义上来说，信息检索仅指上述过程的后半部分，即从信息集合中找出所需要的信息的过程，相当于人们通常所说的信息查寻（Information Search）。

可见，信息检索的全过程应包括以下两个主要方面：

（1）信息标引和存储过程。标引是用检索语言和分类号、主题词表示信息，通过对大量无序的信息资源进行标引处理使之有序化，并按科学的方法存储组成检索工具或检索文档——

组织检索系统的过程。

（2）信息的需求分析和检索过程。分析用户的信息需求，利用组织好的检索系统，按照系统提供的检索方法和途径检索有关信息——检索系统的应用过程。

因此，信息检索的实质是将描述用户所需信息的提问特征与信息存储的检索标识进行比较，从中找出与提问特征一致或基本一致的信息。所谓提问特征就是对信息的需求分析后，从中选出能代表信息需求的主题词、分类号或其他符号。

1.1.6 信息检索方式

1. 手工检索

利用图书馆或资料中心直接查找印刷型文献的检索方式，主要是靠手翻、眼看、大脑判断。

2. 计算机检索

通过计算机对已经数字化的信息按设计好的程序进行查找和输出的检索方式。

1.1.7 信息检索工具

1. 信息检索工具的定义

信息检索工具是指按某种方式、方法建立起来的供读者查检信息的一种有层次的体系，是表征有序的信息特征的集合体。其中二次文献和三次文献是文献信息系统的核心。

2. 信息检索工具的功能

信息检索工具具有报道文献信息、存储文献信息、检索文献信息的功能。

1.1.8 信息检索工具的类型

1. 按信息存储和检索所采用的设备和手段划分

手工信息检索系统分为书本式检索系统和卡片式检索系统。

计算机信息检索系统分为光盘检索系统、联机检索系统和网络检索系统。

2. 按揭示信息内容的程度划分

（1）目录（Catalog），是以完整的出版单元（如一种图书、一种期刊）为单位，按照一定次序编排的对文献信息进行描述和报道的工具，也称为书目。目录对文献的描述比较简单，每条记录的字段主要包括文献题名、责任者、出版事项、分类号、主题词等。一种出版物经过如此描述后形成一条记录，将所有的记录组织起来就形成了目录。

按照收录文献的类型可分为图书目录、期刊目录、标准目录、报纸目录、地图目录、档案目录等。

按照收录文献的内容范围可分为综合目录、专题和专科目录、个人著述目录（揭示与报道特定人物的全部著作以及有关该人物的文献）、地方文献目录（揭示与报道某地区文献的目录）等。

按照功用可分为登记书目、书业书目、收藏目录、专题目录、推荐书目、书目之书目。

（2）题录（Bibliography），是描述文献各种特征的一条记录，通常由文献的分类号、文献篇名、著者及其单位、文献来源、主题词等项组成。题录型检索工具（简称题录）是以单篇文献（如一篇论文、书中的一章）为报道单位，这是它与目录的主要区别，题录揭示文献比目录更为详细。

（3）文摘（Abstract），是指通过描述文献的各种特征，并介绍文献主要内容来报道文献的工具。它与题录型检索工具的报道单位一样，也是单篇文献，只是著录项目（字段）比题录多了一个摘要项。文摘型检索工具（简称文摘）是书目检索系统的核心，是书目检索的主要工具。

（4）索引（Index），是将某种信息集合（如目录、题录、文摘）中的一组相关信息按照某种顺序组织并指引给用户的一种指南。它具有便于检索，揭示文献信息深入、详细的优点。通常索引从属于特定的信息集合，为其提供多种不同的检索途径（入口），在检索系统中占有重要地位。索引条目一般由检索标识和存储地址组成。标识是索引条目所指示的文献信息某方面的特征，如主题词、著者姓名、分类号等；存储地址是指明标识所表达的特定信息在信息集合中的地址，它通常是文献存取号（文摘号）。不同的标识系统构成不同的索引，常见的索引有以下几种：

- 分类索引：是以分类号或类目名称作为索引标识，按照分类号排列形成的索引。
- 主题索引：是以主题词（叙词或关键词）作为索引标识形成的索引。
- 著者索引：是以文献上署名的著者、译者、编者等责任者的姓名或机关团体名称作为索引标识，按其字顺排列形成的索引。
- 专用索引：是以某些领域专用的名词术语或符号作为索引标识编排形成的索引。
- 引文索引：是以引文著者和引文的其余题录部分作为标识编制成的索引。

1.1.9 信息检索的类型

1. 按检索内容分，分为数据信息检索、事实信息检索和文献信息检索

（1）数据信息检索（Data Information Retrieval），是将经过选择、整理、鉴定的数值数据存入数据库中，根据需要查出可回答某一问题的数据的检索。这些数据包括物理性能常数、统计数据（如国民生产总值、外汇收支等）。这类检索不仅可以查出数据，还可以提供一定的推导、运算的能力。

（2）事实信息检索（Fact Information Retrieval），是将存储于数据库中的关于某一事件发生的时间、地点、经过等情况查找出来的检索。它既包含数值数据库的检索、运算、推导，也包括事实、概念等的检索、比较、逻辑判断。

（3）文献信息检索（Document Information Retrieval），是将存储于数据库中的关于某一主题文献的线索查找出来的检索。它通常通过目录、索引、文摘等二次文献，以原始文献的出处为检索目的，可以向用户提供原文献的信息。一些观点认为其也可称为“数目检索”。

2. 按组织方式分，分为全文检索、超文本检索和超媒体检索

（1）全文检索（Full Text Retrieval），是将存储在数据库中的整本书、整篇文章中的任意内容信息查找出来的检索。可以根据需要获得全文中的有关章、节、段、句、词等的信息，也可进行各种统计和分析。

（2）超文本检索（Hyper Text Retrieval），是对每个节点中所存的信息以及信息链构成的网络中信息的检索。强调中心节点之间的语义联结结构，靠系统提供的工具进行图示穿行和节点展示，提供浏览式查询，可进行跨库检索。

（3）超媒体检索（Hyper Media Retrieval），是对存储的文本、图像、声音等多种媒体信

息的检索。它是多维存储结构，是有向的链接，与超文本检索一样，可提供浏览式查询和跨库检索。

3. 按检索手段分，分为手工检索和机器检索

（1）手工检索（Hand Retrieval），是人直接用手、眼、脑组织查找印刷型文献的检索，具有直观、灵活、无需各种设备和上机费用的优点。

（2）机器检索（Machine Retrieval），又称计算机检索，是通过机器对已数字化的信息按照设计好的程序进行查找和输出的过程。按机器检索的处理方式分又分为脱机检索和联机检索；按存储方式分，分为光盘检索和网络检索。机器检索可大大提高检索效率，拓宽检索领域。

1.1.10 信息检索语言

1. 定义

信息检索语言是根据信息检索的需要而创造的专供信息存储和信息检索使用的一种规范化的人工语言，它贯穿于信息存储和检索的全过程。

信息检索语言是沟通信息存储和信息检索的一种约定语言。

2. 信息检索语言的种类

表述文献外表特征的语言包括题名、责任者、号码、引文。

表述文献内容特征的语言包括以下几种：

（1）分类语言。这是指按知识门类的逻辑次序将信息系统地组织和划分的语言，具体体现为用分类号和类名来表达信息的主题概念，如《中国图书馆分类法》《国际十进分类法》《美国国会图书馆图书分类法》等。

以《中国图书馆分类法》（第 4 版）为例，其采用五分法，即分 5 个基本部类，各部类下再展开为 22 个基本大类，各基本大类下再分二级、三级、四级、五级子类目。

1）基本部类有 5 类：马克思主义、列宁主义、毛泽东思想；哲学；社会科学；自然科学；综合性图书。

2）基本部类下分为 22 个大类，它们的标识符和类名如表 1.1 所示。

表 1.1　22 个大类的标识符和类名

标识符	类名
A	马克思主义、列宁主义、毛泽东思想
B	哲学
C	社会科学总论
D	政治、法律
E	军事
F	经济
G	文化、科学、教育、体育
H	语言、文字
I	文学
J	艺术

续表

标识符	类名
K	历史、地理
N	自然科学总论
O	数理科学和化学
P	天文学、地球科学
Q	生物科学
R	医药、卫生
S	农业科学
T	工业技术
U	交通运输
V	航空、航天
X	环境科学
Z	综合性图书

3）22 个大类下细分构成简表，也称二级子类目（表 1.2 所示为 T 大类的二级子类目）。简表细分构成详表，又称三级子类目。

表 1.2　T 大类的二级子类目

T	工业技术
TB	一般工业技术
TD	矿业工程
TE	石油、天然气工业
TF	冶金工业
TG	金属学与金属工艺
TH	机械、仪表工业
TJ	武器工业
TK	能源与动力工程
TL	原子能技术
TM	电工技术
TN	无线电电子学、电信技术
TP	自动化技术、计算机技术
TQ	化学工业
TS	轻工业、手工业
TU	建筑科学
TV	水利工程

（2）主题语言。这是一种描述性语言，还可细分为标题词语言、关键词语言和叙词语言。

1）标题词语言是从文献的题目和内容中抽出来，经过规范化处理的主题语言。

2）关键词语言是直接从文献信息的标题、摘要或内容本身抽取出来的用于揭示信息主题内容的自由词语言。

3）叙词语言是以表达文献主题内容的概念单元为基础，经过规范化处理，可以进行逻辑组配的一种主题语言。

（3）名称语言，包括人名、地名、书刊名等。

（4）代号语言，包括专利号、标准号、合同号等。

1.1.11 信息检索的常用途径

信息检索的常用途径有以下几种：

（1）作者途径。通常按姓在前名在后的方式检索。

（2）分类途径。我国高校与公共图书馆的文献资料一般采用《中国图书馆分类法》（第4版）进行分类。

（3）主题词途径。主题是指表征文献内容特征、经过规范化的名词术语。检索者通过检索这些规范的词语来找到所要的文献和情报。

（4）关键词途径。直接从文献的篇名或文摘或全文中抽取出来的非规范化检索词。

（5）顺序号途径。专利号、标准号、研究报告号。

（6）全文检索途径。以一次文献的全部信息作为存储和检索对象的方法。

（7）引文检索途径。利用被引文献来查找原文献的检索方法。如中国知网（CNKI）、中国期刊网被引用字段、维普中文期刊数据库引文检索途径。

（8）其他途径。如超文本检索、基于概念的自然语言检索、图像检索等。

1.1.12 信息检索的方法

1. 追溯法

追溯法又称回溯法，是从已有的文献后面所附的参考文献入手，逐一查找全文，再从这些原文后面所列的参考文献逐一追查，不断扩大检索线索，从而获得一批相关文献信息的查找方法。

2. 工具法（常用法）

利用文摘、题录或索引等检索工具查找文献的方法。按所查文献的顺序可分为顺查法、倒查法和抽查法3种。

（1）顺查法：由远而近，从问题发生的年代开始顺着时间顺序从远到近查找，适用于无综述性文献可参考时使用。查找的文献较完整，查全率较高，但工作量大，效率不高。

（2）倒查法：由近到远，重点放在近期的文献，多用于新课题或老技术的新发展，从最新情况开始查到一定时间的基本资料为止。

（3）抽查法：根据课题的特点和需要，选查某一时期的文献，可节约时间，但可能会漏检。

3. 综合法

结合追溯法和工具法，先利用检索工具查出一定时期内的一批有用文献，再利用这些文献后面的参考文献，追溯查出前一时期内的文献，如此循环交替地使用两种方法直到满足要求为止，也称为循环法。

1.2　计算机信息检索基础

1.2.1　计算机检索概述

1. 计算机检索的概念

通过计算机进行的文献信息检索称为计算机检索。

随着计算机技术、远程通信技术和信息存储技术的飞速发展，信息检索由手工检索发展到计算机信息检索。计算机检索的成功应用，为我们及时、准确、全面地继承、利用和发展人类的科研成果提供了先进的手段。

2. 计算机检索的发展

（1）第一阶段：脱机检索（Offline Retrieval）阶段（20 世纪 50 年代至 60 年代）。

脱机检索即批处理检索。检索有 3 个环节：检索要求、检索系统、检索结果。具体检索过程为检索人员→检索策略→成批检索→用户。

这个阶段的缺点有以下几个：

1）地理上的障碍（远，不便于检索结果的获取）。

2）时间上的迟滞（定期检索，不能及时获取）。

3）封闭式的检索（检索策略一经输入系统就不能更改，更不能依据机检应答来修改检索方式）。

（2）第二阶段：联机检索（Online Retrieval）阶段（20 世纪 60 年代至 80 年代）。

该阶段大致经历 3 个时期：20 世纪 60 年代开发试验阶段；20 世纪 70 年代末应用阶段；20 世纪 80 年代以后进入信息—计算机—卫星通信三位一体的新阶段，即以信息文献不受地区、国家限制而真正实现全世界资源共享为目的的国际联机信息检索阶段，具体检索过程如图 1.1 所示。

用户 —终端设备→ 检索策略 —通信网络→ 人机对话 —检索系统→ 获取信息

图 1.1　联机检索阶段的信息检索过程

著名的国际联机检索系统有美国的 Dialog 系统、ORBIT 系统、BRS 系统和 MEDLARS 系统，还有欧洲的 ESA/IRS 系统、英国的 BLAESE 系统等。美国的 Dialog 系统在 1984 年就有 200 多个数据库，其中包括美国的《医学索引》、荷兰的《医学文摘》、美国的《生物学文摘》、美国的《化学文摘》等，至今它仍然是世界上最有影响的联机检索系统。

（3）第三阶段：光盘检索阶段。

CD-ROM 光盘是在 1983 年出现的。光盘检索具有存储量极大而体积微小，要求设备简单，可随时安装、使用方便、易于操作，检索费用低（不需要昂贵的联机检索通信费用），可随时修改检索策略，具有很高的查全率和查准率等优点。例如，Chemical Abstracts Index 光盘（1987—1991）由美国化学文摘社与美国剑桥光盘公司联合研制，收录 1987—1991 年《化学文摘》的全部内容；Science Citation Index（SCI）光盘（科学引文索引）由美国费城科学情报研究所编辑出版，收录1961年以来有关生命科学、医学、物理、化学、农业、工程技术、行为科学等方面的文献及引文；CAJ（中国学术期刊）由清华大学开发研制，分题录、文摘、全文3个层次的数据库，其中全文数据库是国内最常用的全文数据库。

（4）第四阶段：网络化检索阶段。

20世纪90年代，随着卫星通信、公共数据通信、光缆通信技术以及信息高速公路事业在全世界的迅猛发展，计算机情报检索走向全球大联网。网上信息资源具有时效性、内容广泛性、访问快速性、搜索网络性和资源动态性五大特性。网络用户可以及时、准确、有效地获取与自身需求相关的实用信息。

Internet就是这个时期的最杰出代表。它是能够跨越时空，进行实时信息检索、资源共享的国际性计算机网络，它已成为人们进行全球范围的合作、信息交流与资源共享过程中不可替代的通信交流媒介。

随着计算机技术的智能化、数据库载体的高密度化和多媒体化、通信技术的网络化，计算机情报检索已经走向办公室化和家庭化。

1.2.2 计算机检索的含义

计算机检索就是在计算机和人的共同作用下，按照一定的方法组织和存储信息，并通过人机对话从计算机存储的大量数据中自动输出用户所需的信息的过程。

1.2.3 计算机检索的特点

与手工检索比较，计算机检索具有以下3个特点：

（1）检索速度快，检索途径多。

（2）更新快，资源共享。

（3）检索结果可以直接输出。

1.2.4 计算机信息检索的原理

1. 计算机信息存储过程

用手工或自动方式将大量的原始信息进行加工，具体做法是将收集到的原始文献进行主题概念分析，根据一定的检索语言抽取出主题词、分类号以及文献的其他特征进行标识或者写出文献的内容摘要；然后再把这些经过“前处理”的数据按一定格式输入计算机存储起来，计算机在程序指令的控制下对数据进行处理，形成机读数据库，完成信息的加工存储过程。

2. 计算机信息检索过程

用户对检索课题加以分析，明确检索范围，弄清主题概念，然后用系统检索语言来表示主题概念，形成检索标识及检索策略，输入到计算机进行检索。计算机按照用户的要求将检索策略转换成一系列提问，在专用程序的控制下进行高速逻辑运算，选出符合要求的信息输出。计算机检索过程实际上是一个比较、匹配的过程，检索提问只要与数据库中的信息的特征标识及其逻辑组配关系相一致，就属于“命中”，即找到了符合要求的信息。计算机检索原理示意图如图1.2所示。

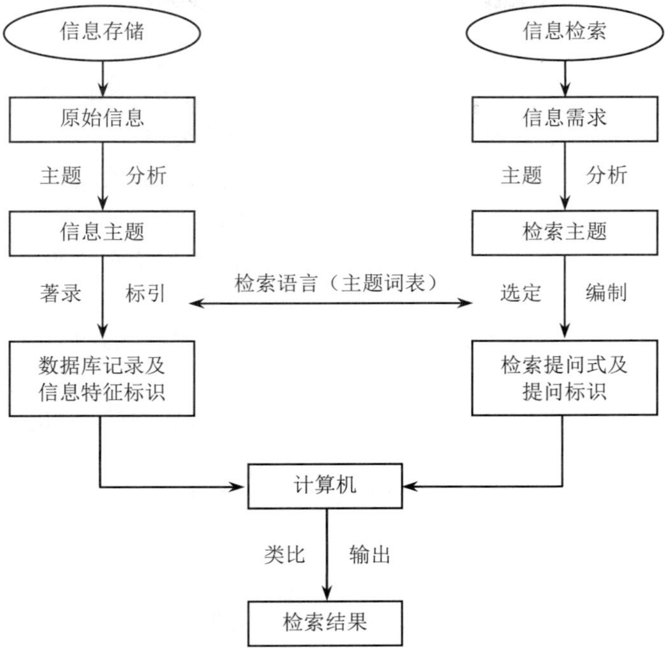

图 1.2　计算机检索原理示意图

1.2.5　计算机信息检索系统的构成

计算机检索系统由计算机硬件、软件、数据库和通信网络构成。

1. 计算机硬件

计算机硬件是检索系统采用的各种硬件设备的总称，主要包括具有一定性能的主计算机、外围设备以及与数据处理或数据传送有关的其他设备。

2. 软件

软件由系统维护软件与检索软件构成。系统维护软件（如数据库管理程序、词表管理程序等）的作用是保障检索系统的高效运转；检索软件是用户与系统的界面，用户通过检索软件进行检索，检索软件功能的强弱直接影响着检索效果，检索软件可以分为指令式、菜单式和智能接口等。

3. 数据库

根据 ISO/DIS 5127 标准，数据的定义为“至少由一种文档组成，并能满足某一特定目的或某一特定数据处理系统需要的一种数据集合”。通俗地说，数据库就是在计算机存储设备上按一定方式存储的相互关联的数据集合。

按国际上通用的分类方法，数据库可以划分为两大类：参考数据库和源数据库。

（1）参考数据库。参考数据库（Reference Database）是指引用户到另一信息源以获得原文或其他细节的一类数据库。它包括书目数据库（Bibliographic Database）和指南数据库（Referral Database 或 Directory Database）两种。

1）书目数据库，是指存储某个领域的二次文献（如文摘、题录、目录等书目数据）的一类数据库，有时又称为二次文献数据库，或简称为文献数据库。中国机械工程文摘数据库就属于此类数据库。

2）指南数据库，也称指示性数据库，是指存储关于某些机构、人物、出版物、项目、程序、活动等对象的简要描述，指引用户从其他有关信息源获取更详细的信息的一类数据库。产品目录、机构名录、研发项目、基金项目等数据库均属于此类型。

（2）源数据库。源数据库（Source Database）是指能直接提供原始资料或具体数据的数据库，用户不必再查阅其他信息源，它可以分为以下 5 种：

1）数值数据库：一种专门提供以数值方式表示数据的源数据库，如统计数据库、财务数据库等。

2）文本一数值数据库：一种能同时提供文本信息和数值数据的源数据库，如企业信息数据库、产品数据库等。

3）全文数据库：一种存储文献全文或其中主要部分的源数据库，如法律法规全文库、期刊全文库等。

4）术语数据库：一种专门存储名词术语信息、词语信息以及术语工作和语言规范工作成果的源数据库，如名词术语信息库、各种电子化辞书等。

5）图像数据库：一种用来存储各种图像或图形信息及有关文字说明资料的源数据库，主要应用于建筑、设计、广告、产品、图片或照片等资料类型的计算机存储与检索。

除上述几种类型的数据库外，还有能同时存储多种不同类型数据的数据库，即混合型数据库。另外，按其载体不同又可分为磁媒体数据库、光盘数据库和多媒体数据库等。

4. 通信网络

由于现代通信技术的发展，公共数据传输技术为信息的传递提供了保障，信息检索逐渐发展成为网络检索，通过数据传输网将各个计算机连接起来。每个计算机成为网络中的一个节点，每个节点可含一个或多个数据库，网络上的每个节点和其终端只要有授权均可对网络中的数据库进行访问，实现资源共享。

各种类型检索系统的比较如表 1.3 所示。

表 1.3 各种类型检索系统的比较

类型	作业对象	检索功能与技术	系统特点
手工检索	纸质检索工具	方法简单，入口少	范围有限，更新慢，检索速度慢，费用低
光盘检索	光盘数据库	方法较简单，功能较强，入口较多，易用	范围有限，更新较慢，检索速度快，费用较低
网络检索	网络数据库	方法较简单，功能较强，入口较多，易用	范围较广，更新快，检索速度较快，可获原文，费用较高
联机检索	联机数据库	方法复杂，功能强大，入口多，不易掌握	范围广，更新及时，检索速度快，可获原文，费用高

1.2.6 计算机信息检索的基本技术

1. 布尔逻辑检索

利用布尔逻辑运算符进行检索词或代码的逻辑组配，是现代信息检索系统中最常用的一种方法。常用的布尔逻辑运算符有 3 种，分别是逻辑或 OR、逻辑与 AND、逻辑非 NOT。用这些逻辑运算符将检索词组配构成检索提问式，计算机将提问式与系统中的记录进行匹配，当两者相符时则命中，并自动输出该文献记录。

下面以“计算机”和“文献检索”两个词来解释 3 种逻辑运算符的含义。

“计算机”AND“文献检索”，表示查找文献内容中既含有“计算机”又含有“文献检索”的文献。

“计算机”OR“文献检索”，表示查找文献内容中含有“计算机”或含有“文献检索”以及两词都包含的文献。

“计算机”NOT“文献检索”，表示查找文献内容中含有“计算机”而不含有“文献检索”的文献。

检索中逻辑运算符的使用是最频繁的，检索人对逻辑运算符的使用技巧决定了检索结果的精准程度。用布尔逻辑表达检索要求，除了要掌握检索课题的相关因素外，还应注意布尔运算符对检索结果的影响。另外，对同一个布尔逻辑提问式来说，不同的运算次序会有不同的检索结果，布尔运算符使用正确但不能达到应有检索效果的情况是很多的。

2. 字段限定检索

字段限定检索是一种限定检索词或检索式在数据库中查找的范围，用于缩小检索范围，提高检索速度和命中率的一种检索方式。

常用的限定检索字段有题名、主题词、关键词、文摘、作者、时间、语种等。

3. 截词检索

截词检索就是用截断的词的一个局部进行检索，并认为凡满足这个词局部中的所有字符（串）的文献都为命中的文献。这种技术用于扩大检索范围。按截断的位置来分，截词检索有后截断、前截断、中截断 3 种类型。

（1）后截断检索（前方一致）：例如“股票？？”，检索结果为股票市场、股票指数、……

（2）中截断检索：例如“中国？？教育”，检索结果为中国高等教育、中国职业教育、……

（3）前截词检索（后方一致）：例如“？？文学”，检索结果为现代文学、古典文学、……

4. 二次检索

二次检索是指在当前检索结果范围内再次提出检索条件进行查询，缩小检索范围。二次检索可以多次进行，使检索结果逐渐接近精确检索的目标。

1.2.7　计算机检索的技巧和方法

1. 检索策略

计算机检索实际上是由计算机将用户输入的检索策略与系统中存储的文献特征标识及逻辑组配关系进行类比、匹配，并把完全匹配的文献输出的过程。

检索策略是科学地运用检索词和逻辑运算符来正确构造逻辑提问式的原则和方法，其核心内容在于检索提问式的构造与检索步骤的优化。

2. 技巧和方法

（1）扩大检索范围（简称扩检）。扩检是指初始设定的检索范围太小，命中文献不多，需要扩大检索范围的方法。

基本方法有扩大概念、扩大范围；增加同义词、近义词、相关词；用逻辑或检索技术、用截词检索技术；换另外的数据库继续进行检索。

（2）缩小检索范围（简称缩检）。缩检是指开始的检索范围太大，命中文献太多，或查准率太低，需增加查准率的方法。

基本方法有缩小概念、限定范围；限定核心概念；限定核心期刊；限定字段；用布尔逻辑运算符 AND、NOT 组配检索；二次检索等。

3. 计算机检索的步骤

（1）分析课题。了解课题检索的目的和范围，明确课题要解决的实质性问题。例如课题涉及的学科范围、年代范围、文献类型、出版类型、文献信息的语种等。

（2）选择检索工具。根据检索课题的主题及学科范围选择对口的检索工具。例如选择数据库、选择搜索引擎等。

检索工具选择标准：专业对口、检索途径多、收录范围广。

（3）确定检索途径和检索策略。根据课题已知条件和检索工具中具有的检索途径（如关键词途径、分子式途径、分类号途径、作者途径等）确定检索途径。检索途径又称为检索入口、检索项、检索字段等；检索策略指检索前制定的概念组配，即用逻辑运算符构造提问式和在检索时执行检索顺序的方案。

（4）实施检索。在选择的数据库中进行检索，并对检出文献进行相关性分析、评价，必要时对检索词或检索式进行修改，直至检出的结果符合要求。

（5）获取原始文献信息。根据文摘出处获取原文信息，刊名缩写还原为全称，查本馆书目检索系统或其他馆书目检索系统，判断原文所在地——获取原文。

1.2.8 查全率与查准率

查全率和查准率是判定检索效果的主要标准，两者结合起来描述了系统的检索成功率。

1. 查全率

查全率是指系统在进行某一检索时，检出的相关文献量与系统文献库中相关文献总量的比率，它反映该系统文献库中实有的相关文献量在多大程度上被检索出来。计算公式为：

查全率= (检出相关文献量/文献库内相关文献总量) ×100%

例如，要利用某个检索系统查某课题。假设在该系统文献库中共有相关文献 40 篇，而只检索出来 30 篇，那么查全率就等于 75%。

2. 查准率

查准率是指系统在进行某一检索时，检出的相关文献量与检出文献总量的比率。它反映每次从该系统文献库中实际检出的全部文献中有多少是相关的。计算公式为：

查准率= (检出相关文献量/检出文献总量) ×100%

如果检出的文献总篇数为 50 篇，经审查确定其中与项目相关的只有 40 篇，另外 10 篇与该项目无关。这次检索的查准率就等于 80%。显然，查准率是用来描述系统拒绝不相关文献的能力，有人也称查准率为“相关率”。

3. 影响检索效果的因素

查全率与查准率是评价检索效果的两项重要指标。查全率和查准率与文献的存储和检索两个方面是直接相关的，也就是说，与系统的收录范围、索引语言、标引工作和检索工作等有着非常密切的关系。

（1）影响查全率的因素。主要包括以下因素：检索时检索策略过于简单；选词和进行逻辑组配不当；检索途径和方法太少；检索人员业务不熟练和缺乏耐心；检索系统不具备截词和反馈功能，检索时不能全面地描述检索要求等。

（2）影响查准率的因素。主要包括以下因素：索引词不能准确描述文献主题和检索要求；组配规则不严密；选词及词间关系不正确；标引过于详尽；组配错误；检索时所用检索词（或检索式）专指度不够，检索面宽于检索要求；检索系统不具备“逻辑非”功能和反馈功能；检索式中允许容纳的词数量有限；截词部位不当，检索式中使用“逻辑或”不当等。

实际上，影响检索效果的因素是非常复杂的。实验表明，查全率与查准率是成反比关系的。要想做到查全，势必要对检索范围和限制逐步放宽，结果是会把很多不相关的文献也带进来，影响了查准率。企图使查全率和查准率都同时提高，是不容易的。强调一方面忽视另一方面，也是不妥当的。应当根据具体课题的要求，合理调节查全率和查准率，保证检索效果。

1.2.9　信息的鉴别与筛选

对于检索到的信息，还要对它的内容进行鉴别与筛选。所谓的信息鉴别，主要是分析判断信息的可靠性、先进性和适用性。筛选是在鉴别的基础上，对信息内容进行取舍，将陈旧的、重复的、无关的资料部分剔除出去，保留或提炼有价值的信息内容。

1.2.10　信息的加工与整理

网络信息有两种常见的表现形式：一是网页格式，选定自己需要的网页内容，然后复制到如 Word 等中文处理软件文档中，对内容进行适当的加工、整理与保存，就成为自己的信息资料；二是电子文档格式，如 CAJ 格式和 PDF 格式（Portable Document Format，便携文件格式），以这种格式存储文件具有许多优点，可以实现最可靠、最有效的信息资源共享，是科技文献信息常用的一种存储形式，两者相对应的阅读软件是 CAJViewer 和 Acrobat Reader。

习　题

1. 简述文献的三要素和信息检索的含义。
2. 什么是顺查法和倒查法？
3. 列举题录格式与文摘格式的不同点。
4. 举例说明怎样提高查全率和查准率。
5. 举例说明什么是事实检索。
6. 举例说明什么是前截词检索技术。
7. 分别写出逻辑与、逻辑非、逻辑或的一个检索式。
8. 检索式：多媒体 AND 英语教学 NOT 中学 NOT 小学，写出检索式的检索结果。
9. 什么是二次检索？

第 2 章　Internet 信息资源及其检索

2.1　Internet 信息资源及其组织方式

2.1.1　Internet 信息资源的定义

Internet 信息资源又称电子信息资源、因特网信息资源等，它是以电子化、数字化的形式存储在网络节点中的，借助计算机网络进行传播和利用的信息产品和信息系统的集合体。

2.1.2　Internet 信息资源的特点

1. 信息源丰富

Internet 是一个开放的信息传播平台，任何机构、任何人都可以将自己拥有的且愿意让他人共享的信息上传到网络上。在这个庞大的信息供应源中，起主导作用的主要有公共图书馆、网络信息服务商、传统媒体、传统联机服务商、高等院校、科研机构、各类商业公司等。

2. 信息内容多样性

网络是信息的载体，信息是网络的灵魂。没有信息，网络就没有使用价值。Internet 是信息的海洋，信息内容几乎无所不包。有科学技术领域的各种信息，也有与大众日常生活息息相关的信息；有严肃主题的信息，也有有关体育、娱乐、旅游、消遣和奇闻趣事的信息；有历史档案信息，也有显示现实世界的信息；有知识性和教育性的信息，也有时事和新闻的传媒信息；有学术、教育、产业和文化方面的信息，也有经济、金融和商业信息。

3. 信息表现形式多样化

Internet 是一个集声音、图像、文字、照片、图形、动画、电影、音乐为一体的包罗万象的综合性信息系统。

4. 信息的时效性

利用 Internet 信息制作技术能很快将信息传播到世界各地。由于几乎在事件发生的同时就能将信息快速制作、上传，因此，网上的信息更新周期短、内容新颖。

5. 信息的交互性

Internet 是交互性的，不仅可以从中获取信息，也可以向网上发布信息。Internet 提供讨论、交流的渠道。在 Internet 上可以找到提供各种信息的人：科学家、工程技术专家、医生、律师、教育家、明星以及具备各种专长和爱好的人们。也可以找到一些专题讨论小组，通过交流、咨询获得专家和其他用户的帮助，同时也可以发表个人的见解。

6. 信息的关联性

Internet 的信息组织是基于超文本的，因此，有关联的信息之间通过链接形成一个相互联系的信息渠道，人们可以由此及彼、由远而近、顺藤摸瓜找到想要的信息。

7. 信息的开放性

Internet 是一个全球性分布的结构，大量信息分别存储在世界各地的服务器与主机上，随着时间的推移和知识的更新，在不断补充新的信息的同时也不断淘汰旧的信息，以保证其信息的整体数量和使用价值及网络灵活性。

8. 免费信息资源丰富

Internet 上的信息大部分是免费的，只要有时间和一定的检索经验，便可以从网上找到大量的所需要的免费信息。

9. 信息组织的局部有序性与整体无序性

各搜索引擎和站点目录都收集了大量 Internet 的站点，并按照专业和文献信息类型分类，实现了信息组织的局部有序化。但是，由于 Internet 急剧膨胀，仍有大量信息被淹没在信息的海洋里，这种无序性必将影响信息检索的系统性、完整性和准确性。

2.1.3 Internet 信息资源及检索方法

要想在 Internet 上获得自己需要的信息，必须知道这些信息存储在哪里，也就是说要知道提供这些信息的服务器在 Internet 上的地址，然后通过该地址访问服务器提供的信息。

在 Internet 上，WWW 信息资源的一般查询方法有基于超文本的信息查询、基于目录的信息查询和基于搜索引擎的信息查询。

1. 基于超文本的信息查询

通过超文本链接逐步遍历庞大的 Internet，从一个 WWW 服务器到另一个 WWW 服务器，从一个目录到另一个目录，从一篇文章到另一篇文章，查找所需信息的方法称为浏览，也称为基于超文本的信息查询方法。

基于超文本的浏览模式是一种有别于传统信息检索技术的新型检索方式，它已成为 Internet 上最基本的查询模式。

利用浏览模式进行检索时，用户只需以一个节点作为入口，根据节点中文本的内容了解嵌入其中的热链指向的主题，然后选择自己感兴趣的节点进一步搜索。在搜索过程中，用户会发现许多相关的节点内容根本没被自己预想到，而是在浏览过程中不断蹦出来，提醒用户注意它。

2. 基于目录的信息查询

为了帮助 Internet 上的用户方便地查询到所需要的信息，人们按照图书馆管理书目的方法设置了目录。网上目录一般以主题方式组织，大主题下又包括若干小主题，这样一层一层地查下去，直到比较具体的信息标题。目录存放在 WWW 服务器里，各个主题通过超文本的方式组织在一起，用户通过目录最终可得到所需信息的网址，即可到相应的地方查找信息。这种通过目录帮助获得所需信息的网址继而查找信息的方法称为基于目录的信息查询方法。

有许多机构专门收集 Internet 上的信息地址，并编制成目录提供给网上用户。Yahoo!就是一个非常著名的基于目录帮助的网站。

3. 基于搜索引擎的信息查询

搜索引擎又称为 WWW 检索工具，是 WWW 上的一种信息检索软件。WWW 检索工具的工作原理与传统的信息检索系统类似，都是对信息集合和用户信息需求集合的匹配和选择。

基于搜索工具的检索方法接近于我们通常熟悉的检索方式，即输入检索词以及各检索词之间的逻辑关系，然后检索软件根据输入信息在索引库中搜索，获得检索结果（在 Internet 上是一系列节点地址）并输出给用户。

搜索引擎实际上是 Internet 的服务站点，有免费为公众提供服务的，也有进行收费服务的。不同的检索服务可能会有不同的界面、不同的侧重内容，但有一点是相同的，就是都有一个庞大的索引数据库。这个索引库是向用户提供检索结果的依据，其中收集了 Internet 上数百万甚至数千万主页的信息，包括该主页的主题、地址、包含于其中的被链接文档主题，以及每个文档中出现的单词的频率、位置等。

2.2 Internet 信息资源检索工具

2.2.1 搜索引擎

搜索引擎的英文为 Search Engine，是一个对互联网信息资源进行搜索整理和分类，并存储在网络数据库中供用户查询的系统，包括信息搜集、信息分类、用户查询三部分。目前流行的搜索引擎有三大类：分类目录式搜索引擎、关键词全文检索式搜索引擎和元搜索引擎。

分类目录式搜索引擎将互联网信息按照一定的标准进行收集和分类，并编入相应目录，以层级和逐次分项的方式管理目录，查找信息可以按照分类目录一层层进入，最终找到所要的信息。分类目录式搜索引擎以 Yahoo!、LookSmart、Open Directory、Go Guide 为代表。

关键词全文检索式搜索引擎利用其内部的搜索机器人 Spider（蜘蛛）程序，自动搜索互联网上大大小小的网站内容，按照网页相关性原理在每一个关键词和所有相关的网页之间建立一个对应关系，存储在网络服务器的数据库中，用户只要输入关键词就可以找到符合该关键词特征的所有被索引的网页，并以超级链接的方式对搜索结果列表，有简单介绍，单击相应的链接就可以进入相应的网络资源网站，从而找到所需信息。这样搜索到的结果通常数以百万计，但是相关性越高的信息在搜索结果列表中的位置就越靠前。关键词全文检索式搜索引擎的代表是百度、搜狗、Bing、Google 等。

元搜索引擎接受用户查询请求后，同时在多个搜索引擎上搜索，并将结果返回给用户。主要的中文元搜索引擎有 360 综合搜索、搜魅网、Jopee 元搜索、觅搜等。在搜索结果排列方面，有的直接按来源排列搜索结果，如 Dogpile；有的按自定的规则将结果重新排列组合，如 Vivisimo。国外主要的元搜索引擎有 MetaCrawler、Mamma、Clusty、ZapMeta、Ixquick、SurfWax、Yurnet、Kartoo 等。

2.2.2 搜索引擎的搜索方式

1. 搜索引擎的搜索方式

有三类常见的搜索方式：语词搜索（Word Search）、目录搜索（Catalog Search）和高级搜索（Advanced Search）。

（1）语词搜索（Word Search）。

- 简单搜索（Simple Search）：指输入一个单词（关键词）提交搜索引擎查询，这是最基本的搜索方式。

- 词组搜索（Phrase Search）：指输入含两个单词及以上的词组（短语），提交搜索引擎查询，也叫短语搜索，现有搜索引擎一般都约定把词组或短语放在引号内表示。
- 语句搜索（Sentence Search）：指输入一个多词的任意语句，提交搜索引擎查询，这种方式也叫任意查询。不同搜索引擎对语句中词与词之间的关系的处理方式不同。

（2）目录搜索（Catalog Search）。目录搜索是指按搜索引擎提供的分类目录逐级查询，用户一般不需要输入查询词，而是按照查询系统所给的几种分类项目选择类别进行搜索，也叫分类搜索（Classified Search）。

（3）高级搜索（Advanced Search）。高级搜索是指用布尔逻辑组配方式查询，也叫定制搜索。常用的逻辑运算符为 AND（与）、OR（或）、NOT（非），这在前面已经介绍过。本节再次以一些实例来加深读者对它们的理解。

在所有搜索方式中，还可以使用通配符，如“*”用于指代一串字符，“？”用于指代一个字符。不过每个搜索引擎所用的通配符不完全相同，大多用“*”或“？”，少数用“$”。很多搜索引擎还支持加（+）、减（-）操作。

2. 搜索引擎的一般查询规则

下面以百度为例，介绍搜索引擎常用的一般查询规则。

（1）布尔逻辑运算符。

1）“逻辑与”（AND）。使用“逻辑与”是为了要求检索结果的 Web 页面中同时出现所有输入的检索词，提高查准率。

例如，输入检索式“计算机 AND 信息检索”，检索结果：查询到记录 7230000 个，如图 2.1 所示。

图 2.1　“逻辑与”检索结果

需要特别注意的是，“逻辑与”（AND）和它前后的关键词之间都没有空格。如果有空格，就会增加检索结果的信息量，如图 2.2 所示，查询到的记录增至 13700000 个。“逻辑或”（OR）和“逻辑非”（NOT）与“逻辑与”（AND）类似，用户可以自行验证。

图 2.2　“逻辑与”前后有空格的检索结果

2）“逻辑或”（OR）。使用“逻辑或”是为了允许检索结果的 Web 页面中出现输入检索词的任何一个，提高查全率。

例如，输入检索式“计算机 OR 信息检索”，检索结果：查询到记录 737000 条，如图 2.3 所示。

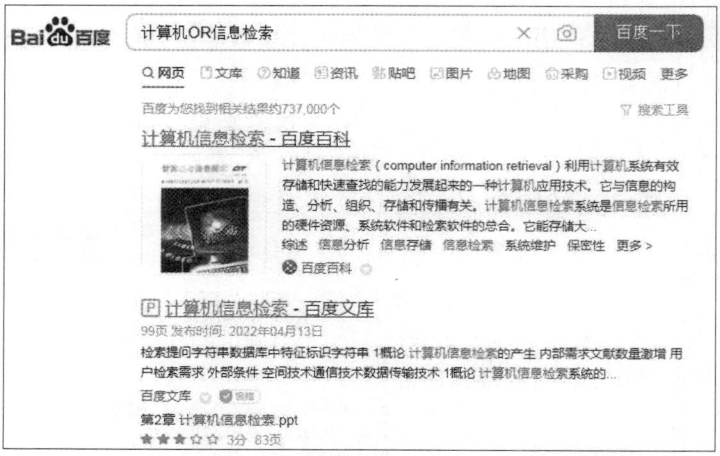

图 2.3　“逻辑或”检索结果

3）“逻辑非”（NOT）。使用“逻辑非”是为了要求检索结果的 Web 页面中出现 NOT 前的检索词，但排除含有 NOT 后的检索词的页面信息，以缩小检索范围。

例如，输入检索式“计算机 NOT 信息检索”，检索结果：查询到记录 10100000 条，如图 2.4 所示。

（2）连接符：连接符有加号（+）和减号（-）。

在检索词前使用“+”时，表示所有检索结果的页面中都必须包含该词。例如检索式“+A+B”，表示查得的页面中应出现“A”和“B”方面的信息；而检索式“A+B”，则表示在检索结果页面中一定含有“B”，但不一定有“A”的信息。

例如，输入检索式“+计算机+信息检索”，检索结果：查询到记录 14400000 条，如图 2.5 所示。

图 2.4　“逻辑非”检索结果

图 2.5　检索词前使用“+”号

检索词前使用“-”时，表示任何检索结果的页面中都不能包含该词。例如检索式“-计算机+信息检索”，表示查找关于信息检索方面的信息，但排除与计算机有关的页面。检索结果：查询到记录 123000 条，如图 2.6 所示。

图 2.6　检索词前使用“-”号

2.2.3 阅读软件的安装和使用

目前常用的阅读软件有 Acrobat Reader 和 CAJViewer。Acrobat Reader 是一个专用于打开PDF 文件进行阅读、搜索和打印的工具软件，CAJViewer 则是中国知网大多数论文采用的阅读软件。

1. Acrobat Reader 的安装与启动

双击 Acrobat Reader DC 安装图标即可进行安装。启动 Acrobat Reader DC，窗口界面如图 2.7 和图 2.8 所示。

图 2.7 Acrobat Reader 窗口—主页选项卡

图 2.8 Acrobat Reader 窗口—工具选项卡

2. Acrobat Reader 的基本操作

（1）打开文件。选择“文件”→“打开”命令，在弹出的对话框中选定要阅读的文件，单击“打开”按钮即可显示文件，如图 2.9 所示。

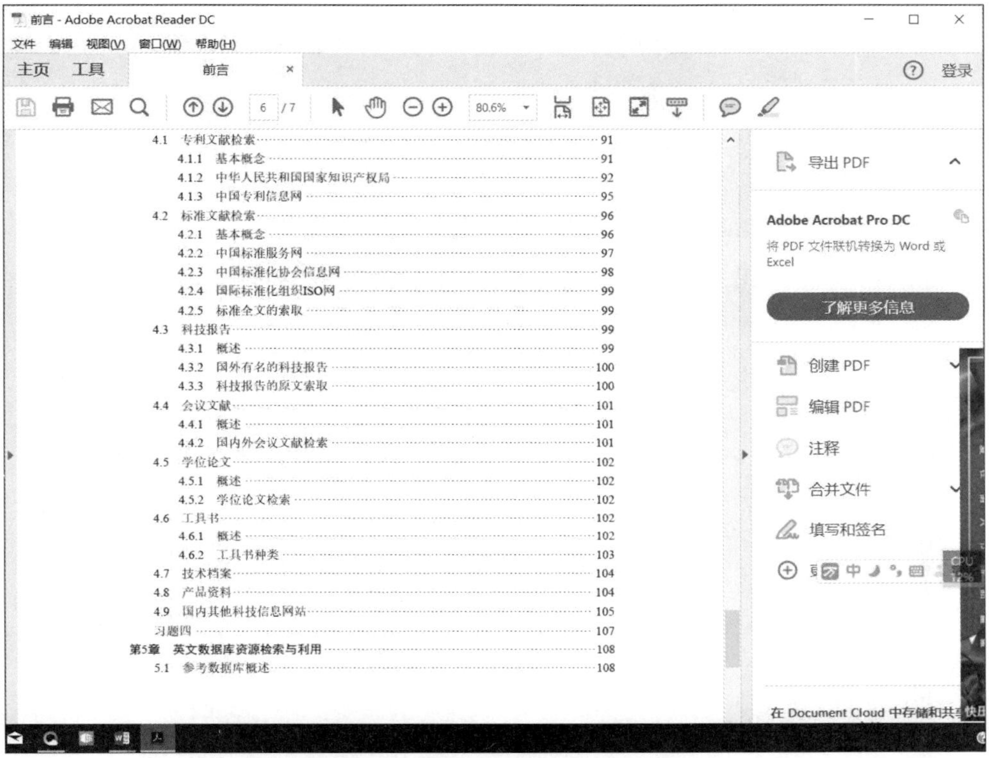

图 2.9　Acrobat Reader 读取文件窗口

（2）阅读文件。单击“视图”菜单项，选择用户满意的阅读方式，如“页面显示”“缩放”“阅读模式”等，帮助读者完成个性化的阅读。

（3）选择和复制文件。选择“编辑”→“全部选定”命令，再单击“复制”选项。“拍快照”选项是把内容区域中选定的部分变成图像存放在剪贴板中进行复制。浏览内容时，移动光标到内容区域，鼠标光标变成手形光标，可以用来拖动改变窗口中的内容。

3. CAJViewer 的安装与启动

双击 CAJViewer 安装图标即可进行安装。启动 CAJViewer 安装程序，窗口界面如图 2.10 所示。读取文件窗口如图 2.11 所示。

4. CAJViewer 的基本操作

CAJViewer（CAJ 全文浏览器）是中国期刊网的专用阅读器，它支持中国期刊网 CAJ、NH、KDH 和 PDF 格式的文件。它可配合网上原文的阅读，也可以阅读下载后的中国期刊网全文，并且它的打印效果与原版的效果一致，但前提是必须具有浏览原文的权限。

CAJViewer 阅读器的一个重要功能是可以使用“文字识别”工具把选择的文本区域进行识别并发送到 WPS 或 Word 文档中，但这时 Word 文档很有可能出现乱码，会给读者带来不必要的编辑麻烦，如图 2.12 和图 2.13 所示。

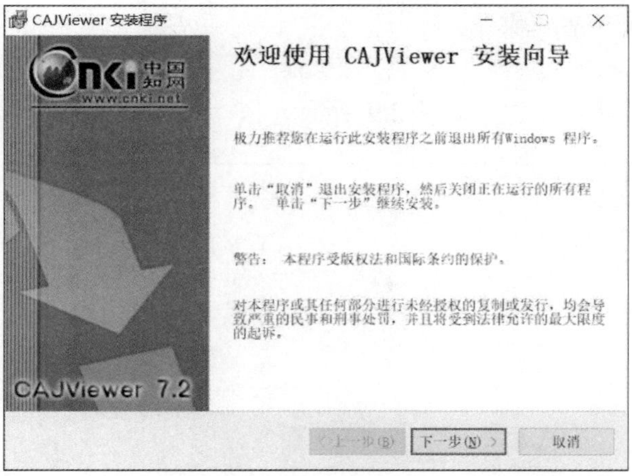

图 2.10 CAJViewer 安装界面

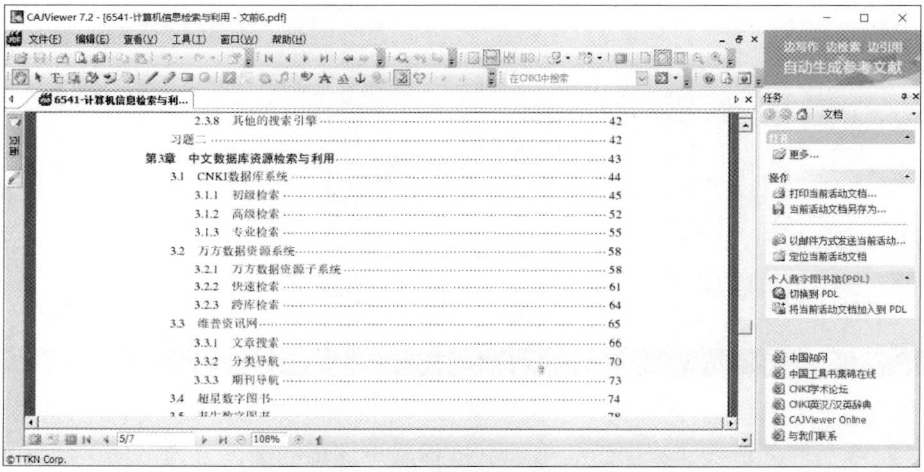

图 2.11 CAJViewer 读取文件窗口

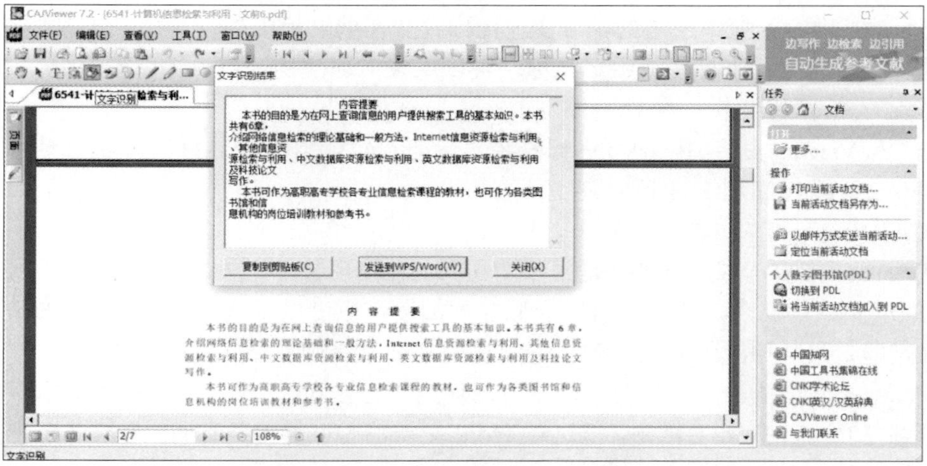

图 2.12 选择导出的区域

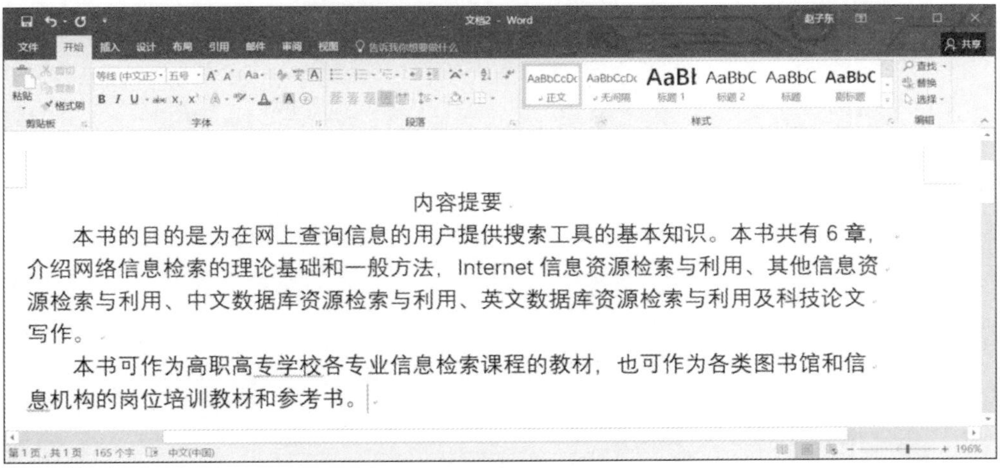

图 2.13　选择区域导出至 WPS 或 Word

CAJViewer 的其他功能与 Acrobat Reader 的功能类似，在此不再详细介绍。

2.3　常用中文搜索引擎

2.3.1　搜狗搜索引擎

2004 年 8 月，搜狐公司推出全球首个第三代互动式中文搜索引擎——搜狗。在国内率先推出地图搜索功能，成为全球首个中文网页收录达百亿量级的搜索引擎。发布全新个人智能语音助理软件“搜狗语音助手”，成为国内首家涉足智能软件的搜索厂商。2014 年开始进军移动领域。历经十几年的发展，搜狗现已成为知名的搜索引擎。输入 www.sogou.com 便可登录搜狗搜索主页。

各种搜索引擎在检索信息时常用到的检索方式都大致相同，下面以“搜狗”为例进行展示。

1. 布尔逻辑检索（详细内容请参考 2.2 节）

（1）“逻辑与”，可以用 AND 表示，检索框中的两个关键词之间用空格隔开，则默认为是“逻辑与”运算。

（2）“逻辑非”，可以用 NOT 表示；如果用减号，则同时要求在减号前保留一个空格。

（3）“逻辑或”，可以用 OR 表示。

2. 字段限定检索

（1）site：表示限定在某个特定的域或站点中进行检索。

命令格式：检索词 site:域名

示例：搜索南开大学文学社的信息。

检索式：文学社 site:nankai.edu.cn，如图 2.14 所示，检索结果如图 2.15 所示。

图 2.14　site 检索

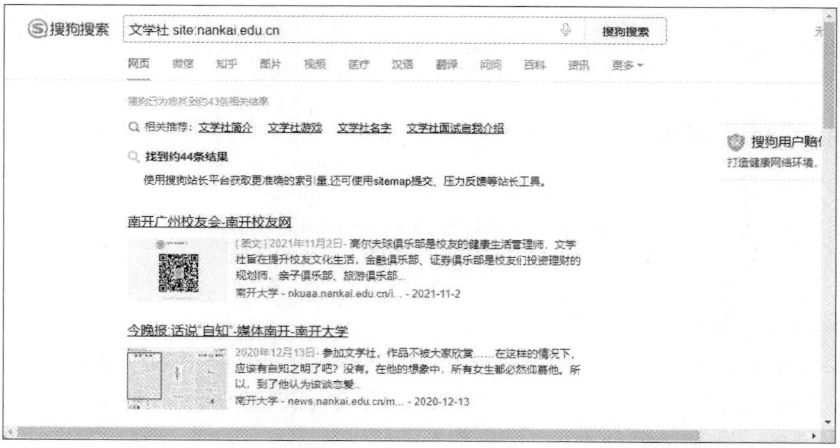

图 2.15　site 检索结果

（2）inurl：表示限定搜索结果，网页的 URL 必须包含所规定的字符串。

命令格式：inurl:限定的字符串检索词

示例：搜索计算机信息检索的专题资料。

检索式：inurl:计算机信息检索，检索结果如图 2.16 所示。

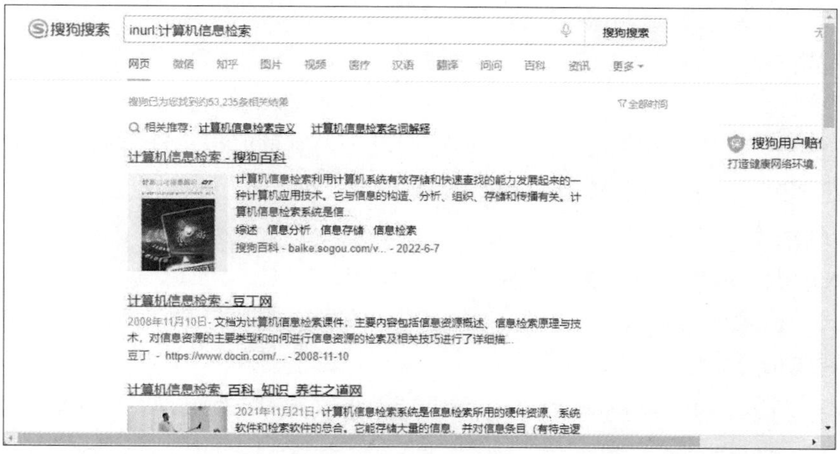

图 2.16　inurl 检索结果

（3）filetype：用来限定命中文件的类型。

命令格式：filetype:文件类型 检索词

示例：检索主题为“信息检索”、文件格式为 ppt 的信息。

检索式：filetype:ppt 信息检索，检索结果如图 2.17 所示。

图 2.17　filetype 检索结果

3. 分类检索

进入搜狗页面，选择“更多”命令，再单击查询的分类图标，如图 2.18 所示。

图 2.18　搜狗的分类

4. 关键词检索

关键词检索分为基本搜索和高级搜索。

（1）基本搜索。

输入检索词：湛江幼儿师范专科学校主校区，单击“搜狗搜索”按钮，如图 2.19 所示。

图 2.19 基本搜索结果

（2）高级搜索。

高级搜索可同时限定站点、关键词出现的位置（字词位置）和文件格式等。其网址为 http://www.sogou.com/advanced/advanced.html，高级搜索界面如图 2.20 所示。

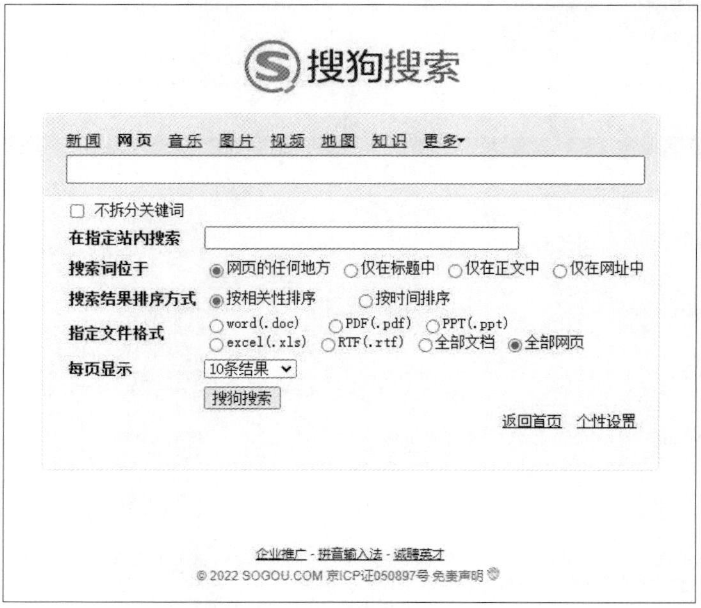

图 2.20 高级搜索界面

2.3.2　百度搜索引擎

百度搜索引擎是目前非常有影响的中文网络信息检索系统。它的检索词可以是中文、英文、数字或中英文数字的混合体。在 2.2 节中，已经以百度为例列举了不同的检索方式。这里只讲述百度的分类检索功能。

登录网址 https://www.baidu.com/，在百度检索页面选择“更多”命令进入百度的分类检索功能区，如图 2.21 至图 2.24 所示。

图 2.21　百度的分类检索功能 1

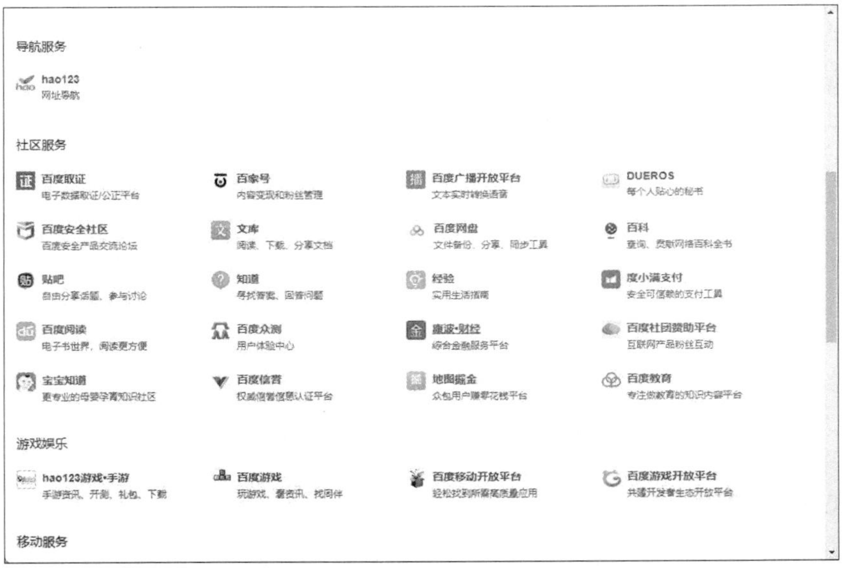

图 2.22　百度的分类检索功能 2

图 2.23 百度的分类检索功能 3

图 2.24 百度的分类检索功能 4

2.3.3 Google 搜索引擎

Google 有四大功能模块：网站、图像、新闻组和目录服务。智能化的“手气不错”功能可以提供最有可能符合要求的网页。

2010 年 3 月，Google 公司公开发表声明，宣布将搜索服务由中国内地转至中国香港。登录网址 https://www.google.cn 进入 Google 检索主页，如图 2.25 所示。

图 2.25　Google 检索主页

2.3.4　Bing 搜索引擎

Bing 是微软公司推出的一款用以取代 Live Search 的搜索引擎。简体中文版 Bing 已于 2009 年 6 月 1 日正式对外开放访问。登录网址 https://cn.bing.com/ 进入 Bing 检索主页，如图 2.26 所示。

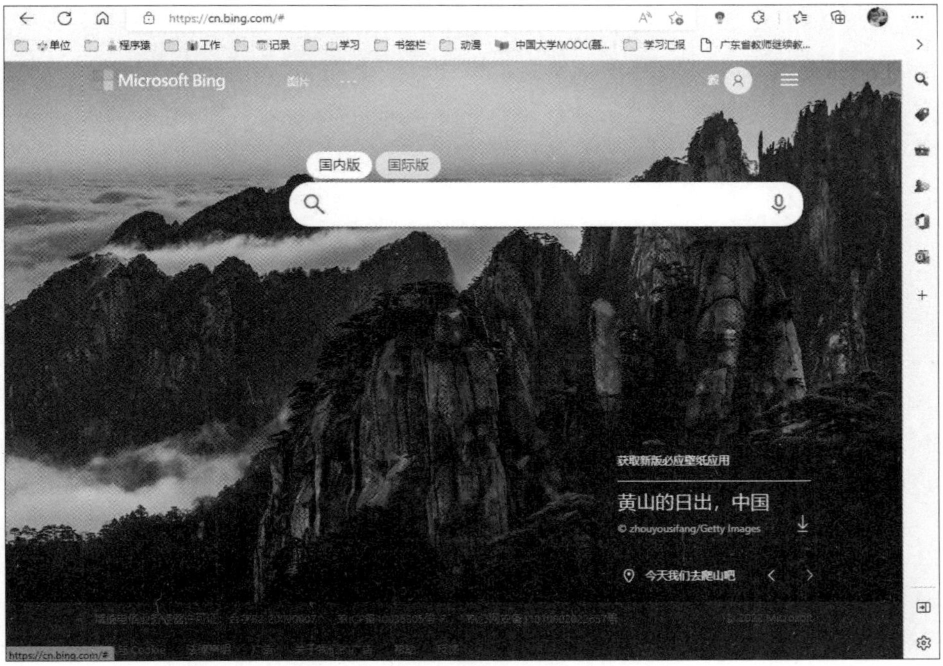

图 2.26　Bing 检索主页

2.3.5 CNKI 搜索引擎

CNKI 检索主页如图 2.27 所示。

图 2.27 CNKI 检索主页

2.3.6 元搜索引擎

元搜索引擎（Meta-search Engine）是在前述搜索引擎基础上建立的可以同时查询多个搜索引擎的 WWW 站点。其英文原意是搜索引擎之后或之上的搜索引擎，也可以称为后搜索引擎。虽然元搜索引擎依赖其他独立搜索引擎而存在，但它们集成了不同性能和不同风格的搜索引擎并发展了一些新的查询功能，查一个元搜索引擎就相当于查多个独立搜索引擎，可以得到事半功倍的效果，故值得选用。

按照搜索机制划分，元搜索引擎包括并行式和串行式两类：并行式元搜索引擎运行时是将查询请求同时发向各个独立搜索引擎，然后将结果按特定的顺序呈现给用户；串行式元搜索引擎运行时是将查询请求先发向某个独立搜索引擎，待其返回结果后再将请求发往另一个独立搜索引擎。显然，并行式元搜索引擎的运行模式较好，搜索所需时间也较短。

现将主要的元搜索引擎网址列举如下：

- AskJeeves（http://www.askjeeves.com）：AskJeeves 提供同时搜索 AltaVista、Excite、Yahoo、Infoseek、Lycos 和 WebCrawler 的功能，此外还能同时搜索自己独立的数据库。
- Dogpile（http://www.dogpile.com）。
- Mamma（http://www.mamma.com）。
- ProFusion（http://www.designlab.ukans.edu/profusion）。
- Highway61（http://www.highway61.com）。

- Isleuth（http://www.isleuth.com）。
- DigiSearch（http://www.digiway.com/digisearch）。
- MetaCrawler（http://www.metacrawler.com）。
- Cyber411（http://www.cyber411.com）。

在实际使用中，有些网址无需记忆，利用网址导航可以找到常用的许多站点，如 hao123 网址之家（http://www.hao123.com/）、2345 导航等。还有许多类似的网址，读者可以自行搜索并加以使用。

2.4 网络爬虫

2.4.1 网络爬虫的概念

大数据时代，网络爬虫在互联网中的地位越来越重要。如何自动、高效地从海量的网络数据中获取感兴趣的信息是互联网数据抓取面临的重要问题，网络爬虫应运而生。

网络爬虫是按照一定规则，自动地抓取网络信息的程序或脚本。如果把互联网比作一张大网，网络爬虫就是在这张网上爬来爬去的蜘蛛。如果它在网上爬行的过程中遇到了资源，它就会抓取下来。另外，在抓取一个网页数据时，如果在这个网页中发现了一条道路，也就是指向其他网页的超链接，那么它就可以爬到另一个网页上来获取数据。

根据其系统结构和开发技术，网络爬虫大致可分为 4 种类型：通用网络爬虫、聚焦网络爬虫、增量式网络爬虫、深层网络爬虫。实际的网络爬虫系统通常是将几种爬虫技术结合实现的。

（1）通用网络爬虫。通用网络爬虫又称全网爬虫，它将爬取对象从一些种子 URL（Uniform Resource Location）扩充到整个网络，主要为门户站点搜索引擎和大型 Web 服务提供商采集数据，如百度、360、搜狗、Bing 等搜索引擎。

（2）聚焦网络爬虫（Focused Crawler）。又称主题网络爬虫（Topical Crawler），是指选择性地爬行那些与预先定义好的主题相关页面的网络爬虫。和通用网络爬虫相比，聚焦网络爬虫只需要爬行与主题相关的页面，极大地节省了硬件和网络资源，保存的页面也由于数量少而更新快，还可以很好地满足一些特定人群对特定领域信息的需求。聚焦网络爬虫和通用网络爬虫相比，增加了链接评价模块和内容评价模块。聚焦网络爬虫爬行策略实现的关键是评价页面内容和链接的重要性，不同的方法计算出的重要性不同，由此导致链接的访问顺序也不同。

（3）增量式网络爬虫（Incremental Web Crawler）。它是指对已下载网页采取增量式更新和只爬行新产生的或者已经发生变化的网页的爬虫，它能够在一定程度上保证所爬行的页面是尽可能新的页面。和周期性爬行和刷新页面的网络爬虫相比，增量式网络爬虫只会在需要的时候爬行新产生或发生更新的页面，并不重新下载没有发生变化的页面，可有效减少数据下载量，及时更新已爬行的网页，减小时间和空间上的耗费，但是增加了爬行算法的复杂度和实现难度。增量式网络爬虫的体系结构包含爬行模块、排序模块、更新模块、本地页面集、待爬行 URL 集和本地页面 URL 集。

（4）深层网络爬虫。Web 页面按存在方式可以分为表层网页和深层网页，深层网页是那些大部分内容不能通过静态链接获取的、隐藏在搜索表单后的，只有用户提交一些关键词才能获得的 Web 页面。例如那些用户注册后内容才可见的网页就属于深层网页。2000 年 Bright Planet 指出：Deep Web 中可访问信息容量是 Surface Web 的几百倍，是互联网上最大、发展最快的新型信息资源。深层网页爬虫体系结构包含 6 个基本功能模块（爬行控制器、解析器、表单分析器、表单处理器、响应分析器、LVS 控制器）和两个爬虫内部数据结构（URL 列表、LVS 表）。其中 LVS（Label Value Set）表示标签/数值集合，用来表示填充表单的数据源。

2.4.2 使用网络爬虫的方法

1. 网络爬虫工作原理

网络爬虫一般是从预先设定的一个或若干个初始网页的 URL 开始，获取初始网页上的 URL 列表，然后按照一定的规则抓取网页。每当抓取一个网页时，爬虫会提取该网页上新的 URL 并放入未抓取的 URL 队列中，接着再从未抓取的队列中取出一个 URL 再次进行新一轮的抓取，不断重复上述过程，直到队列中的 URL 抓取完毕或者满足系统其他停止条件，爬取才会结束。

网络爬虫的基本工作流程如图 2.28 所示，具体步骤如下：

步骤 1：选择一部分网页，以这些网页的链接地址作为种子 URL，放入待抓取 URL 队列。

步骤 2：从待抓取 URL 队列依次读取 URL，并将 URL 通过 DNS 解析把链接地址转换为网站服务器对应的 IP 地址，将 IP 地址和网页相对路径名称交给网页下载器，网页下载器负责将对应的网页下载下来，存储到已下载网页库中。

步骤 3：将下载网页的 URL 放入已抓取队列中，这个队列记录了爬虫系统已经下载过的网页 URL，以避免系统的重复抓取。

步骤 4：在下载网页中抽取出所有新的 URL，并在已下载的 URL 队列中进行检查，如果此 URL 没有被抓取过，则将其放入待抓取 URL 队列中。

步骤 5：重复步骤 2 至步骤 4，形成循环，直到待抓取 URL 队列为空。

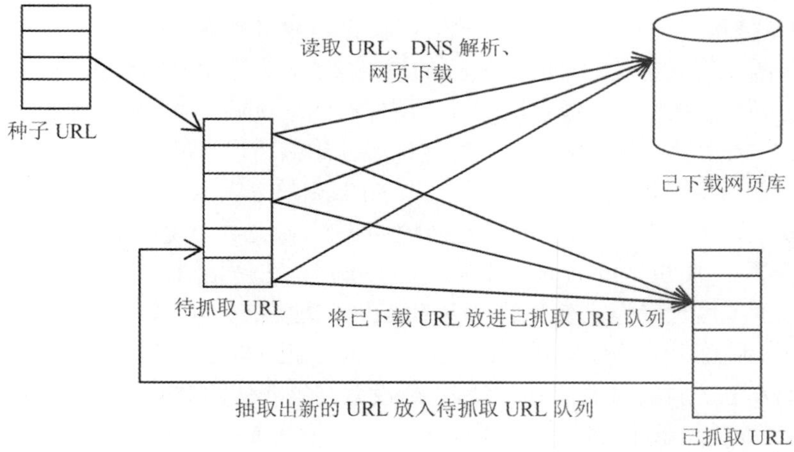

图 2.28 网络爬虫的基本工作流程

网络爬虫在具体爬取过程中，在遵循上述基本流程的基础上，不同类型爬虫的实现原理也存在着一定的差异。例如聚焦网络爬虫为了更好地选择与主题相关的网页进行爬取，需要根据一定的网页分析算法过滤与主题无关的链接，保留有用的链接并将其放入等待抓取的 URL 队列，另外还需要根据一定的搜索策略从队列中选择下一步要抓取的 URL。

2. 网络爬虫抓取策略

在网络爬虫系统中，待抓取 URL 队列是很重要的一部分，待抓取 URL 队列中的 URL 顺序排列决定了抓取网页的顺序，而决定这些 URL 排列顺序的方法叫作抓取策略。网页的抓取策略主要有深度优先搜索、广度优先搜索和最佳优先搜索 3 种，由于深度优先搜索在很多情况下会导致爬虫的陷入问题，因此目前常用的是广度优先搜索和最佳优先搜索方法。下面对 3 种抓取策略一一进行介绍。

（1）深度优先搜索。深度优先搜索策略指网络爬虫从初始网页开始，选择一个 URL 进入，在下载网页中获取到新的 URL，接着选择一个再进入，如此不断深入，直到返回的网页中没有 URL 为止。爬虫在完成一个爬行分支后会返回到上一个页面，继续选择该页面中的其他 URL，接着处理下一个分支。当所有 URL 遍历完毕后，爬行任务结束。深度优先策略在搜索时会不断地往深处去，如果不加限制，就会沿着一条路径无限制地扩展下去，使搜索陷入巨大的漩涡中。另外，门户网站提供的链接往往最具价值，PageRank 很高，每深入一层，网页价值和 PageRank 都会相应地有所下降，因此过度深入抓取到的网页价值是很低的，这也意味着深度优先搜索策略不一定能得到最优解。

（2）广度优先搜索。广度优先搜索策略指网络爬虫会先抓取初始网页中的所有网页，然后再选择其中的一个链接网页，继续抓取在此网页中链接的所有网页，当同一层次的页面全部搜索完毕后，再深入下一层继续搜索，直到底层为止。

在广度优先搜索策略中，由于只有搜索完上一层中所有的 URL 后才开始继续搜索下一层，这就保证了对浅层的优先处理，从而保证以最短路径找到结果。同时，当遇到一个无穷尽的深层分支时，可以避免出现无法结束爬行的问题。

（3）最佳优先搜索。最佳优先搜索策略按照一定的网页分析算法，预测候选 URL 与目标网页的相似度，或与主题的相关性，根据“最好最优原则”进行访问，选取评价最好的一个或几个 URL 进行抓取，它只访问经过网页分析算法预测为“有用”的网页。最佳优先搜索策略是一种局部最优搜索算法，因此在爬虫抓取路径上的很多相关网页可能会被忽略。为避免这一问题，在具体应用中，需要将最佳优先搜索策略结合具体的应用情况进行改进，以跳出局部最优点。

3. 爬虫的合法性

通过网络爬虫，我们可以在互联网上采集到所需要的数据资源，但是使用不当也可能会引发一些比较严重的问题。因此，在使用网络爬虫时，我们需要做到“盗亦有道”。目前，大多数网站允许将所爬取的数据用于个人使用或科研领域，但如果将爬取的数据用于商业，则有可能会触犯法律。在使用爬虫爬取网站数据时，需要遵守网站所有者针对爬虫行为所制定的爬虫协议，也称为 Robots 协议。网站通过 Robots 协议告诉搜索引擎哪些页面可以抓取，哪些页面不能抓取。当使用爬虫访问一个站点时，首先要查看该站点根目录下是否存在 Robots.txt 文件，如果存在，要按照该文件中的内容来确定访问的范围；如果该文件不存在，则可以访问网站上所有没有被口令保护的页面。

下面以京东网站的 Robots.txt 文件为例来看该网站对爬虫有哪些限制。访问 https://www.jd.com/robots.txt 可查看 Robots.txt 文件内容，如图 2.29 所示。

```
User-agent: *
Disallow: /?*
Disallow: /pop/*.html
Disallow: /pinpai/*.html?*
User-agent: EtaoSpider
Disallow: /
User-agent: HuihuiSpider
Disallow: /
User-agent: GwdangSpider
Disallow: /
User-agent: WochachaSpider
Disallow: /
```

图 2.29　京东网站的 Robots.txt 文件内容

在上述 Robots.txt 文件中，京东网站禁止所有爬虫爬取与/?*、/pop/*.html 和/pinpai/*.html?* 匹配的路径。同时，京东网站禁止用户代理为 EtaoSpider、HuihuiSpider、GwdangSpider 和 WochachaSpider 的爬虫爬取该网站的任何资源。

2.4.3 常用网络爬虫工具

如何方便快捷地开发自己想要的爬虫是每一个爬虫开发者最为关心的问题。网络爬虫框架的出现使得爬虫的开发与应用变得更加便捷。这些框架将爬虫的一些常用功能和业务逻辑进行了封装，开发者可以直接在其基础上进行爬虫的定制和开发。目前网络上有很多爬虫框架供开发者使用，不同语言、不同类型的爬虫框架都有，如 Java 网络爬虫（Nutch、Crawler4j、Heritrix、Webmagic、WebCollector）、Python 网络爬虫（Scrapy、PySpider）、C/C++ 网络爬虫（Cobweb、Larbin、Spider）等。下面介绍几种具有代表性的开源网络爬虫框架。

（1）Nutch。Nutch 是一个开源的、Java 实现的分布式网络爬虫，它提供了用户运行自己的搜索引擎所需的全部工具，包括全文搜索和网络爬虫。Nutch 采用基于 Hadoop 的分布式处理模型，可以实现多机分布抓取、存储和索引。另外 Nutch 提供了一种插件框架，使得其对各种网页内容的解析以及各种数据的采集、查询、集群、过滤等功能能够方便地进行扩展。同时，此框架使得 Nutch 的插件开发非常容易，第三方插件层出不穷，极大地增强了 Nutch 的功能。Nutch 的不足之处在于：Nutch 是一个大型的搜索引擎框架，主要用于通用数据的爬取，对精确爬取没有特别考虑。如果用户需要开发一个做精准数据爬取的爬虫，用 Nutch 做数据抽取则会浪费很多时间在不必要的计算上；另外，Nutch 在满足通用需求的同时，牺牲了一些定制化开发的特性，因此 Nutch 的定制化开发成本较高。

（2）Scrapy。Scrapy 是基于 Python 开发的开源爬虫框架，主要用于抓取 Web 站点并从页面中提取数据，其应用非常广泛，可以应用在包括数据挖掘、信息处理、存储历史数据等一系列的程序中。Scrapy 使用 Twisted 异步网络框架来处理网络通信，可以加快下载速度，并且包含了各种中间件接口，可以灵活地完成各种需求。Scrapy 通过各种管道（Pipeline）和中间件（Middleware）能够非常方便地对其功能进行扩展开发。Scrapy 的不足之处在于：Scrapy 框架可实现单机多线程爬取，但不支持分布式部署；Scrapy 框架默认不提供页面 JS 渲染服务，需要用户自己实现，这样用户才可以得到动态加载的数据。

（3）Heritrix。Heritrix 是一个由 Java 开发的开源网络爬虫，对网站内容全部下载，不会修改页面中的任何内容。Heritrix 可获取完整的、精确的站点内容的深度复制，包括视频、音频、图像以及其他非文本内容，抓取并把这些内容存储在磁盘中。Heritrix 具有强大的可扩展性，用户可任意选择或扩展各个组件，实现特定的抓取逻辑。同时，Heritrix 的爬虫定制参数很多，如设置输入日志、设置多线程采集模式、设置下载速度上限等，用户可以通过修改组件的参数来更加灵活高效地定制自己的爬虫。Heritrix 的不足之处在于：由于 Heritrix 中每个爬虫都是单独进行工作的，无法合作完成爬取任务，因此很难实现分布式爬取；另外，相对于 Nutch，Heritrix 仅仅是一个爬虫工具，没有提供搜索引擎，因此不能完成搜索引擎的全部工作，只能完成爬取阶段的工作。

（4）爬虫工具。利用开源网络爬虫框架，开发人员可以快速便捷地开发满足自己要求的网络爬虫。另外，对于不具备开发能力或开发能力较弱的用户，还可以直接使用一些网络爬虫软件来获取数据。这些软件一般不需要编写代码，只需进行一些必要参数的设置，即可在网络中快速爬取所需数据资源，还可将数据以 Excel、数据库等形式导出。目前各种网络爬虫软件逐渐涌现，如八爪鱼采集器、火车头采集器、后羿采集器、神箭手云爬虫等。

2.4.4　爬虫实例：八爪鱼网络

八爪鱼数据采集系统以分布式云计算平台为核心，可以在很短的时间内，轻松地从不同的网站或网页获取大量的规范化数据，帮助任何需要从网页获取信息的客户实现数据自动化采集、编辑、规范化，摆脱对人工搜索及收集数据的依赖，从而降低获取信息的成本，提高效率。使用八爪鱼采集器前，必须先安装，然后注册为用户。

1. 安装八爪鱼采集器

在使用八爪鱼采集器爬取数据之前，首先需要在自己的计算机上安装此软件。访问八爪鱼采集器的官网 https://www.bazhuayu.com，并下载该软件的安装包，本例下载版本为 8.1.20。双击相应的安装文件进行安装，整个安装过程只需根据安装程序的提示一步步进行即可，比较简单。

2. 登录八爪鱼采集器

双击安装到计算机中的八爪鱼采集器，会弹出登录界面。单击“免费注册”按钮进入八爪鱼采集器官网注册一个账号。注册完成后，在登录界面（如图 2.30 所示）中输入注册的用户名和密码，单击“登录”按钮即可进入八爪鱼采集器的操作界面。

八爪鱼采集器提供了两种采集模式：使用模板采集和自定义采集。使用模板采集指的是通过八爪鱼内置的采集模板快速采集数据。八爪鱼官方提供了一些国内主流网站的采集模板，用户可直接使用这些模板进行数据采集，只需输入几个参数（网址、关键词、页数等），就能在几分钟内快速获取目标网站（如京东、淘宝、58 同城等）数据，如图 2.31 所示为热门采集模板。自定义采集是八爪鱼进阶用户使用最多的一种模式，需要自行配置采集规则，通过配置规则模拟人浏览网页的操作对网页数据进行抓取，可以实现对全网 98%以上网页数据的采集。下面采用自定义采集模式举例说明网页数据的采集过程。

图 2.30　八爪鱼采集器登录界面

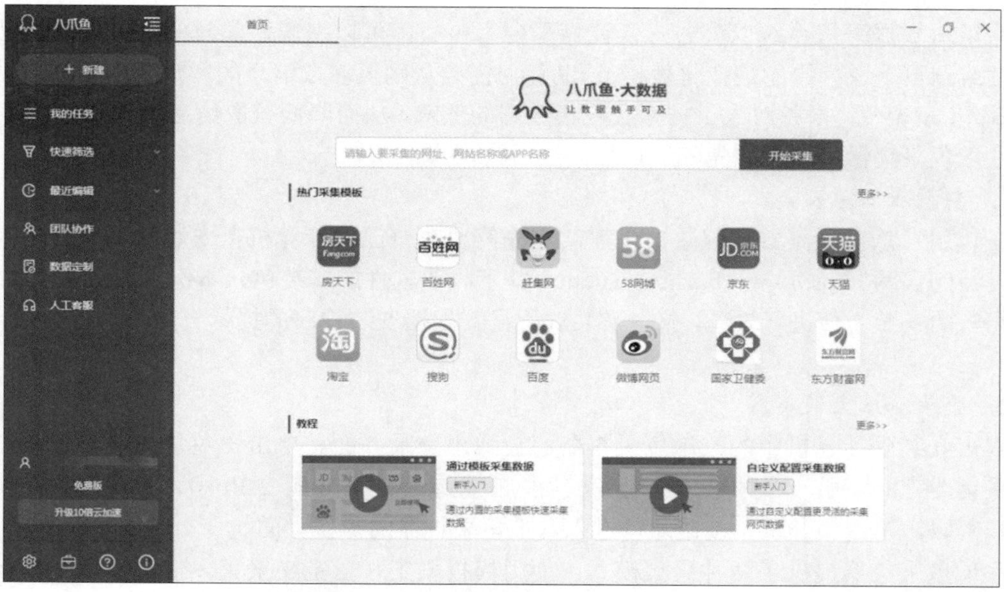

图 2.31　八爪鱼采集器操作界面

例：使用八爪鱼采集器爬取猫眼电影 TOP100 榜单信息，包括排名、电影名称、主演、上映时间和评分。

在开始采集之前，首先明确需要采集的目标网页地址和采集需求。这里所要爬取的目标网页地址为 https://maoyan.com/board/4，如图 2.32 所示。页面上显示的排名、电影名称、主演、上映时间和评分就是所要爬取的目标数据。另外，在爬取完当前页面数据后，需要翻页继续爬取多页信息。

图 2.32　猫眼电影 TOP100 页面

明确目标后，即可利用八爪鱼采集器来采集所需数据，操作步骤如下：

步骤 1：新建自定义任务。

在八爪鱼采集器操作界面中，单击“新建”按钮，选择“自定义任务”选项进入“新建任务”窗口，将要爬取的目标网页地址输入或复制粘贴到编辑区域，如图 2.33 所示。

图 2.33　“新建任务”窗口

在“新建任务”窗口中输入或粘贴目标网址后单击“保存设置”按钮，则会在八爪鱼采集器操作界面中自动加载该网页内容，在网页加载过程中，若出现验证信息需要手动验证，同时八爪鱼采集器会对页面数据进行自动识别和采集，识别完毕后操作界面上方显示网页内容，下方的数据预览框中可以看到自动采集的数据字段列表，如图 2.34 所示。

图 2.34 八爪鱼采集器自动加载网页

需要注意的是，如果自动采集的数据与我们所需要的数据基本一致，则直接在此基础上对采集字段进行添加或删除即可完成数据的采集，过程比较简单。如果自动采集的数据不是想要的结果，则需要单击图 2.34 中“操作提示”对话框中的“取消”按钮，手动配置采集规则。本例中，我们可以看到八爪鱼采集器自动采集的结果并不是所需要采集的数据，因此这里单击“取消”按钮，进入采集配置页面，如图 2.35 所示。在此页面右侧可进一步配置采集规则，并可在左侧查看和修改操作流程图。

步骤 2：设置循环翻页。

本例需要爬取多页电影排行信息，在设置采集规则时，要先建立翻页循环，使得采集器能够模拟浏览器的翻页动作，从而完成多页数据的采集。在图 2.35 所示的配置页面中，拖动页面右侧的滚动条至页面底部，然后单击猫眼页面中的“下一页”按钮，在弹出的“操作提示”对话框中，选择“循环点击下一页”选项，如图 2.36 所示。此时在操作流程图中会自动建立一个翻页循环，如图 2.37 所示。

这里可进一步对循环结束条件进行设置，不设置会默认爬取所有页面。例如，如果只爬取前 3 页数据，可在操作流程图中选中“循环翻页”框，单击框上右侧的设置按钮进行设置。在所显示的详细信息中找到“退出循环设置”选项，设置退出循环条件为“循环执行次数等于 3”，如图 2.38 所示。设置完成后，单击“应用”按钮保存。

图 2.35　八爪鱼采集器“自定义配置采集数据”

图 2.36　设置循环翻页

图 2.37　操作流程图显示循环翻页

图 2.38　设置翻页循环结束条件

步骤 3：设置提取字段。

建好翻页循环后，就可以采集当前网页上的数据了。首先提取“排名”字段，单击页面中某一部影片的排名信息，在弹出的“操作提示”对话框中选择“选中全部”选项，进一步选择“采集以下元素文本”，在页面下方的数据预览框中会自动生成所要爬取的字段，单击字段名右侧的“编辑”按钮，将字段名修改为“排名”。按照此方法，在页面中依次单击某一部影片的名称、主演、上映时间和评分，生成所要爬取的其他字段。由于页面中评分数据分成了整数和小数两部分，因此将评分数据设置成两个字段。这里将各字段名分别修改为电影名称、主演、上映时间、评分整数及评分小数，如图 2.39 所示。此时采集规则已经配置完成，单击界面上方的“保存”按钮将所建任务保存好。

图 2.39 设置提取字段

步骤 4：启动采集。

提取字段设置好后，就可以开始采集数据了。单击界面上方的“采集”按钮，并在弹出的对话框中单击“启动本地采集”即可开始采集。采集任务开始后，会弹出一个新对话框显示该任务的爬取进度和爬取结果，如图 2.40 所示。本例由于设置了只爬取 3 页，因此共采集 30 条数据。

步骤 5：导出数据。

采集完成后，单击“导出数据”按钮，可选择合适的格式将结果导出。这里选择导出为 Excel 文件，导出结果如图 2.41 所示。

图 2.40 显示爬取结果窗口

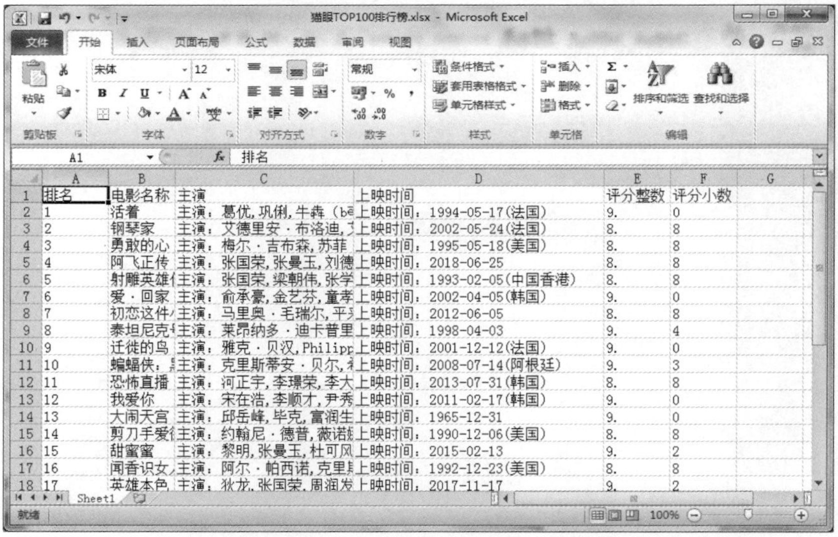

图 2.41 Excel 文件中的导出结果

习 题

1．利用不同的搜索引擎搜索与自己专业相关的信息。

2．试用网络爬虫抓取数据。

第 3 章　中文数据库资源检索与利用

数据库技术起步于 20 世纪 70 年代，80 年代得到发展，90 年代发展得更加成熟，形成了市场化模式。到目前为止，数据库技术与网络技术相结合，已经发展到网络化，普及到全球。

数据库的检索技术也由原来传统的印刷型向数字化转变，从单机版光盘检索向网络版检索发展，从联机检索向互联网在线检索发展。图 3.1 展示了目前各类网站拥有的在线数据库占全部在线数据库的比例。

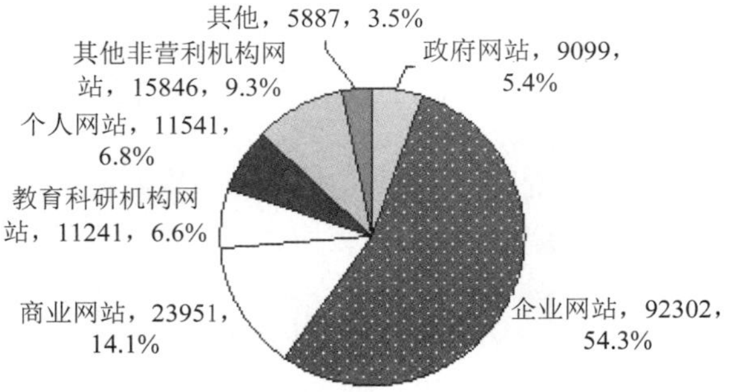

图 3.1　各类网站拥有的在线数据库和其占全部在线数据库的比例

我国数据库技术的成熟标志是：1989—1995 年科技部西南信息中心下属的重庆维普资讯公司（中国科技情报研究所重庆分所）研制开发出版的国内第一个 CD-ROM 光盘数据库——中文科技期刊数据库。

常用的中文数据库类型及其代表有以下 3 种：

（1）中文参考数据库。典型代表有中国科学引文数据库、万方数据资源系统、中文社会科学引文索引数据库、中文科技期刊数据库、中国期刊网题录数据库、中国专利数据库、全国报刊索引数据库、中国人大复印报刊资料总汇。

（2）中文全文数据库。典型代表有中国知网、中国人大复印报刊资料全文数据库、万方会议论文、中国资讯行、新华社多媒体信息。

（3）中文事实和数值数据库。典型代表有万方数据资源系统、新华社多媒体信息数据库、中国资讯行、中科院科学数据库、中国大百科全书。

3.1　CNKI 数据库系统

CNKI 数据库系统（又称中国知网）是由清华大学清华同方光盘股份有限公司、中国学术期刊（光盘版）电子杂志社、光盘国家工程研究中心、清华同方股份有限公司、清华同方教育技术研究院共同研制出版的，正式出版了 22 个数据库型电子期刊，囊括资源总量达到全国同类资源总量的 80%以上。在此基础上，CNKI 工程集团还开发了大量用于教育教学的多媒体素材库和多媒体知识元数据库。

CNKI 工程研究中心组织各学科专家对文献中的知识进行提炼，建成“知识元数据库”，并通过知识元链接、引文链接等技术将文献间的知识关联起来，使所有知识资源形成具有内在联系的知识网络整体，加以先进的数字图书馆管理技术，逐步发展成为“中国知识资源总库”。

CNKI 是我国第一个大规模、集成化的学术期刊全文数据库，是目前世界上最大的连续动态更新的中文期刊全文数据库。数据库知识信息来源于国内上万种综合期刊与专业特色期刊的全文。收录年限从 1979 年至今（部分刊物回溯至创刊）。内容涵盖自然科学和社会科学的各个领域，数据实时更新。

CNKI 提供多种检索方式与途径：①整刊检索；②分类检索；③篇名检索；④关键词检索；⑤作者检索；⑥机构检索；⑦中文摘要检索；⑧英文摘要检索；⑨引文检索；⑩基金检索；⑪参考文献检索；⑫ISSN 检索；⑬CN 检索；⑭栏目信息检索等。

CNKI 的检索方法根据检索的内容不同而不同，常用的检索方法有如下 3 种：

（1）一框式检索（跨库）。一框式检索是一种简单检索，具有多种功能，如单词检索、多项单词逻辑组合检索、词频控制、最近词、词扩展等。

（2）高级检索（跨库）。高级检索是比一框式检索要复杂一些的检索方式，但也可以进行简单检索。高级检索特有的功能是多项双词逻辑组合检索和双词频控制。

（3）专业检索（跨库）。专业检索比高级检索的功能更强大，但需要检索人员根据系统的检索语法编制检索式进行检索，适用于熟练掌握检索技术的专业检索人员。

CNKI 收录的文章需要用 CAJViewer 全文浏览器来阅读，在前面已经介绍过它的用法。如果没有 CAJViewer，请下载（CNKI 主页提供下载）并安装。登录网址http://www.cnki.net，进入中国知识资源总库——CNKI 系列数据库检索主页（默认为单库检索首页）。检索主页具备文献检索、知识元检索和引文检索 3 种功能，如图 3.2 至图 3.4 所示。

图 3.2 CNKI 数据库检索主页（文献检索）

图 3.3　知识元检索主页

图 3.4　引文检索主页

3.1.1　一框式检索

1．单数据库一框式检索步骤

（1）在图 3.2 所示的检索首页中选择数据库，或者先进入“高级检索”页面（如图 3.5 所示），再单击“一框式检索”选项卡打开“一框式检索”页面（如图 3.6 所示）。

图 3.5 “高级检索”页面

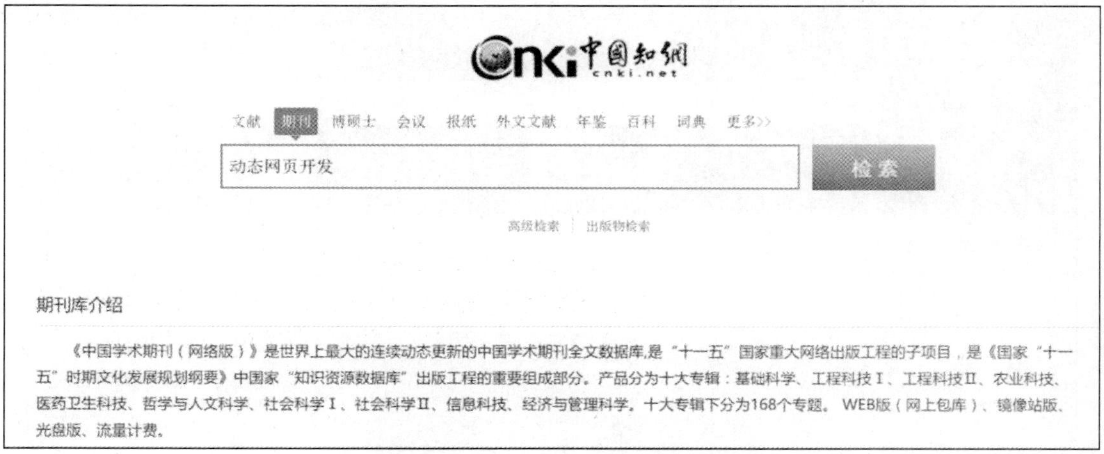

图 3.6 “一框式检索”页面

（2）输入检索条件。

（3）单击“检索”按钮即显示检索结果。

检索实例：利用期刊数据库查找关于“动态网页开发”的文献。

检索步骤如下：

（1）选择数据库。在检索首页的“跨库”一栏中选择“学术期刊”，或者在“一框式检索”页面中选择“期刊”。

（2）输入检索条件。检索项选择“主题”，检索词输入“动态网页开发”，如图 3.7 所示。

图 3.7　“一框式单库”检索

（3）单击“检索”按钮，检索结果显示找到 199 条结果，如图 3.8 所示。这时，对“文献全部分类”可以选择也可以不选择（默认为全部）；也可以选择文献的出版时间，用以缩小检索范围。

图 3.8　显示检索结果

在结果中还可以进行二次检索，比如先确定检索项为“关键词”，检索词为“ASP”，再单击“结果中检索”按钮，检索结果显示找到 40 条结果，如图 3.9 所示。

图 3.9　二次检索结果

单击所要的篇名，选择相应的文摘格式，如图 3.10 所示。在专业数据库中，下载文献的方法都与此类似，不再举例。

图 3.10　选择相应的文摘格式

2. 跨数据库一框式检索步骤

（1）在图 3.2 检索首页的“跨库”一栏中选择需要的多个数据库。

（2）输入检索条件。

（3）检索并得出检索结果。

检索实例：查找 2022 年关于“计算机软件的知识产权”方面的文献。

检索步骤如下：

（1）进入“一框式检索”页面，选择“学术期刊”“博硕士”“专利”“标准”数据库。

（2）输入检索条件。检索项为“关键词”，检索词为“知识产权”，如图 3.11 所示。

图 3.11　“一框式跨库检索”页面

（3）检索，得出检索结果。选择“文献全部分类”：信息科技>计算机软件及计算机应用，显示找到 5515 条结果，如图 3.12 所示。选择发表年度是“2022 年”，找到 137 条结果，如图 3.13 所示。

图 3.12　显示检索结果

图 3.13 发表年度为“2022 年”的检索结果

同样，也可以在结果中进行二次检索。改变检索条件：检索项为“文献来源”，检索条件为“经济”，发表年度为“2016 年”，单击“结果中检索”按钮，检索结果显示找到 1 条结果，如图 3.14 所示。

图 3.14 改变检索条件的二次检索结果

3.1.2 高级检索

1. 单数据库高级检索步骤

（1）进入“高级检索”页面。

（2）选择某个数据库。

（3）确定检索条件并进行检索。

（4）输出检索结果。

检索实例：检索 2017—2022 年发表的主题中包含“计算机信息检索”，同时不包含“综述”“评论”的期刊文章。

检索步骤如下：

（1）在图 3.2 检索主页中，选择“高级检索”命令，进入高级检索页面，如图 3.15 所示。

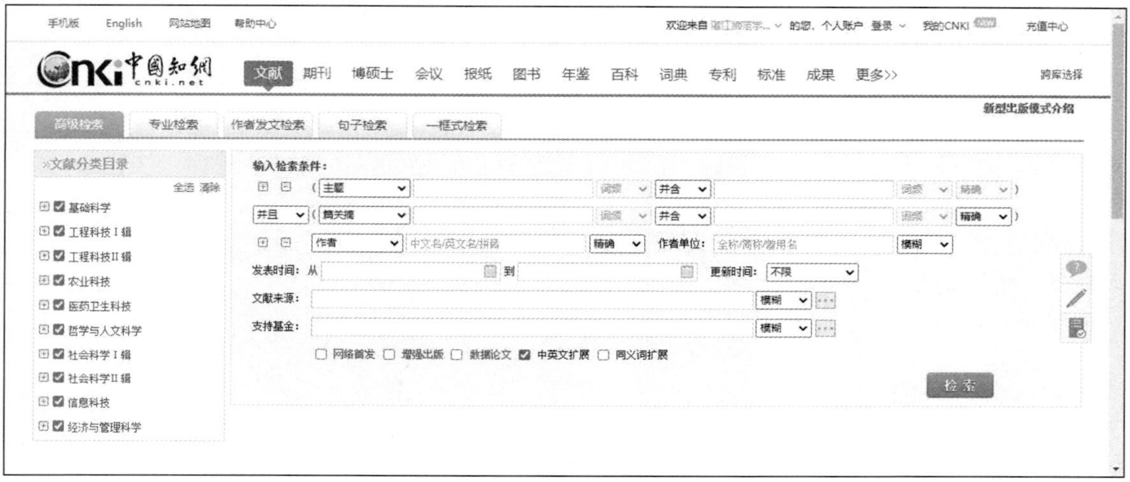

图 3.15　“高级检索”页面

（2）选择一个数据库。例如选择“期刊”，全称是“中国期刊全文数据库”，如图 3.16 所示。

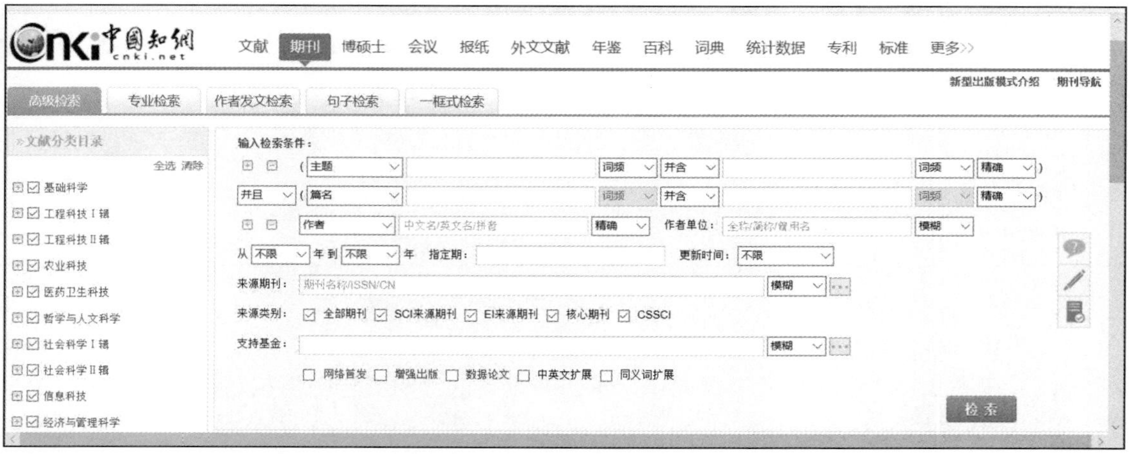

图 3.16　选择“期刊”数据库

（3）确定检索条件。文献分类目录为“全选”，检索项为“主题”，检索词为“计算机信息检索”，检索词之间的逻辑关系为“并且”，扩展关系“不含综述”“不含评论”，时间从 2017 年 1 月 1 日到 2022 年 10 月 10 日，如图 3.17 所示。

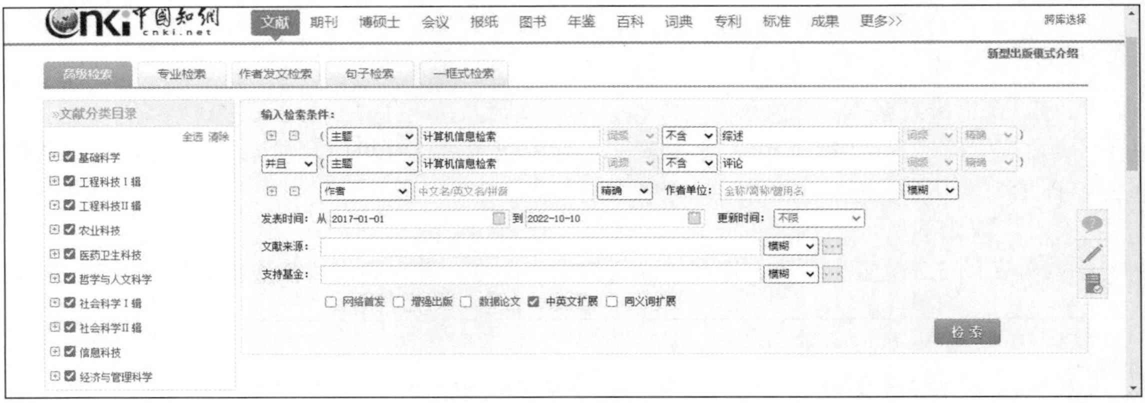

图 3.17　确定检索条件

（4）检索结果：找到 193 条结果，如图 3.18 所示。也可以在结果中进行二次检索。

图 3.18　显示检索结果

2. 跨数据库高级检索步骤

（1）在图 3.15“高级检索”页面中，单击右上角的“跨库选择”按钮，选择相应的数据库，如图 3.19 所示。

（2）确定文献分类目录的检索范围。

（3）确定各检索条件。

（4）单击“检索”按钮得出检索结果。

检索实例：某乳品专业学生准备毕业论文，查找指导教师武建新的论文为参考文献，时间不限。

检索步骤如下：

（1）进入图 3.19“跨数据库高级检索”页面，选择“期刊”“教育期刊”“特色期刊”“博士”“硕士”5 个数据库，如图 3.20 所示。

图 3.19　“跨数据库高级检索”页面

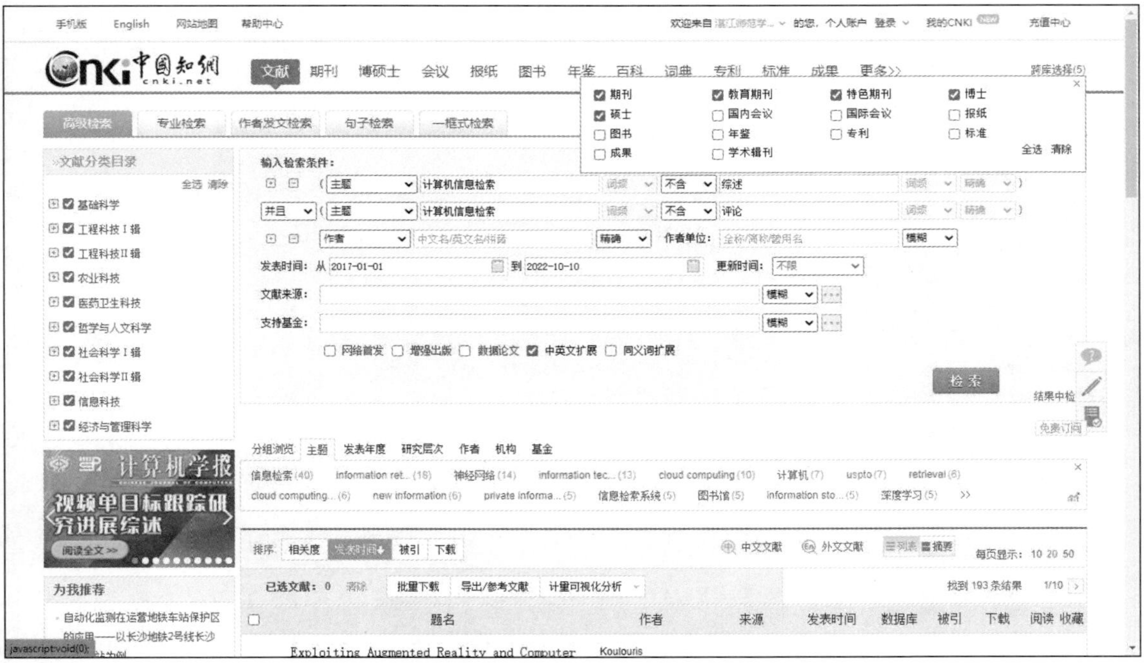

图 3.20　选择 5 个数据库

（2）确定各项检索条件：文献分类目录为“全选”；检索项 1 为“全文”，检索词为“教育”；检索项 2 为“作者”，检索词为“刘军”；作者单位检索词为“湛江”；各检索词间的关系为“并且”，如图 3.21 所示。

（3）检索结果：找到 7 条结果，如图 3.22 所示。也可以在结果中进行二次检索。

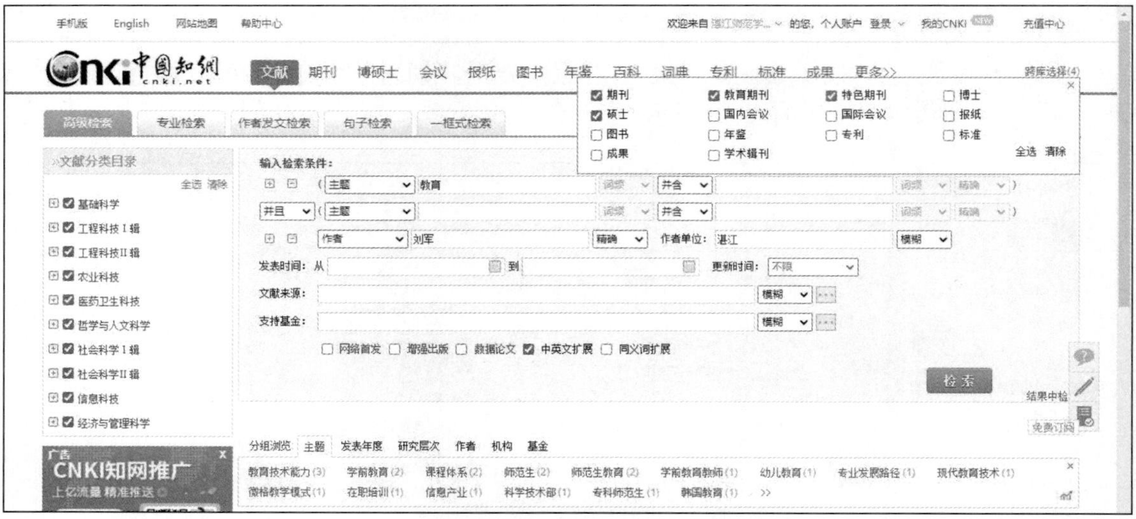

图 3.21 确定各项检索条件

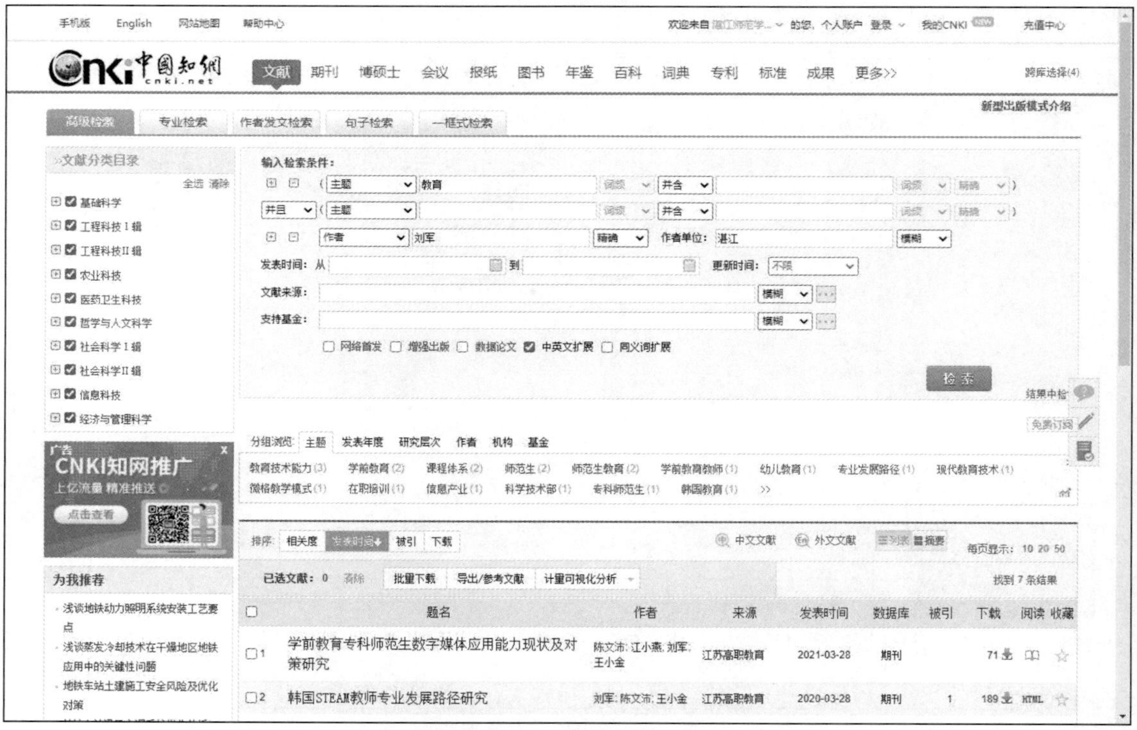

图 3.22 显示检索结果

3.1.3 专业检索

1. 单数据库专业检索步骤

（1）进入专业检索页面。

（2）选择某一数据库。

（3）输入检索式并检索。

（4）输出检索结果。

检索实例：某计算机网络专业的学生准备毕业论文，查找指导教师刘伟的论文作为参考文献，时间从 2000 年到现在。

检索步骤如下：

（1）在图 3.15“高级检索”页面中，单击“专业检索”选项卡，进入专业检索页面，如图 3.23 所示。

图 3.23　“专业检索”页面

（2）选择一个数据库。例如选择“期刊”，全称是“中国期刊全文数据库”，如图 3.24 所示。

图 3.24　选择一个数据库

（3）输入检索式并检索，如图 3.25 所示。

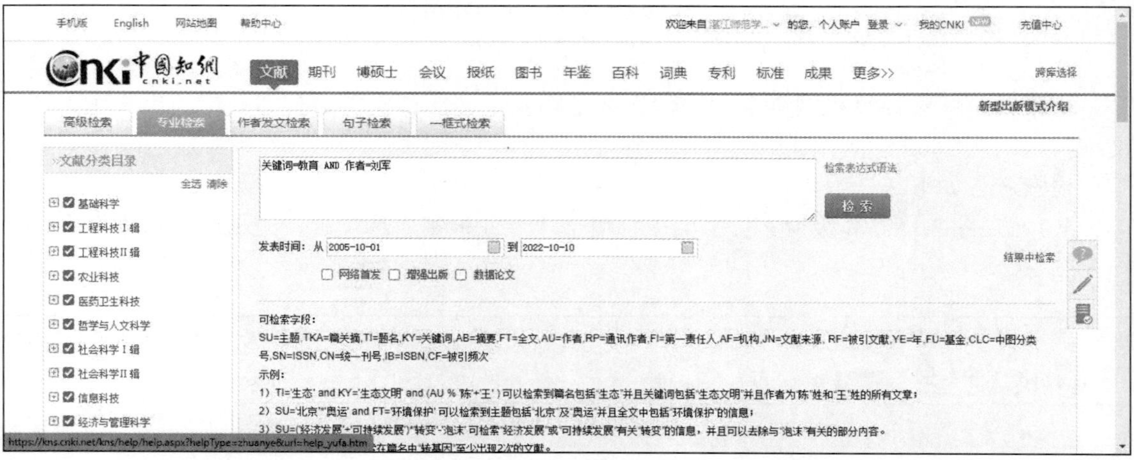

图 3.25 输入检索式

（4）检索结果：找到 34 条结果，如图 3.26 所示。也可以在结果中进行二次检索。

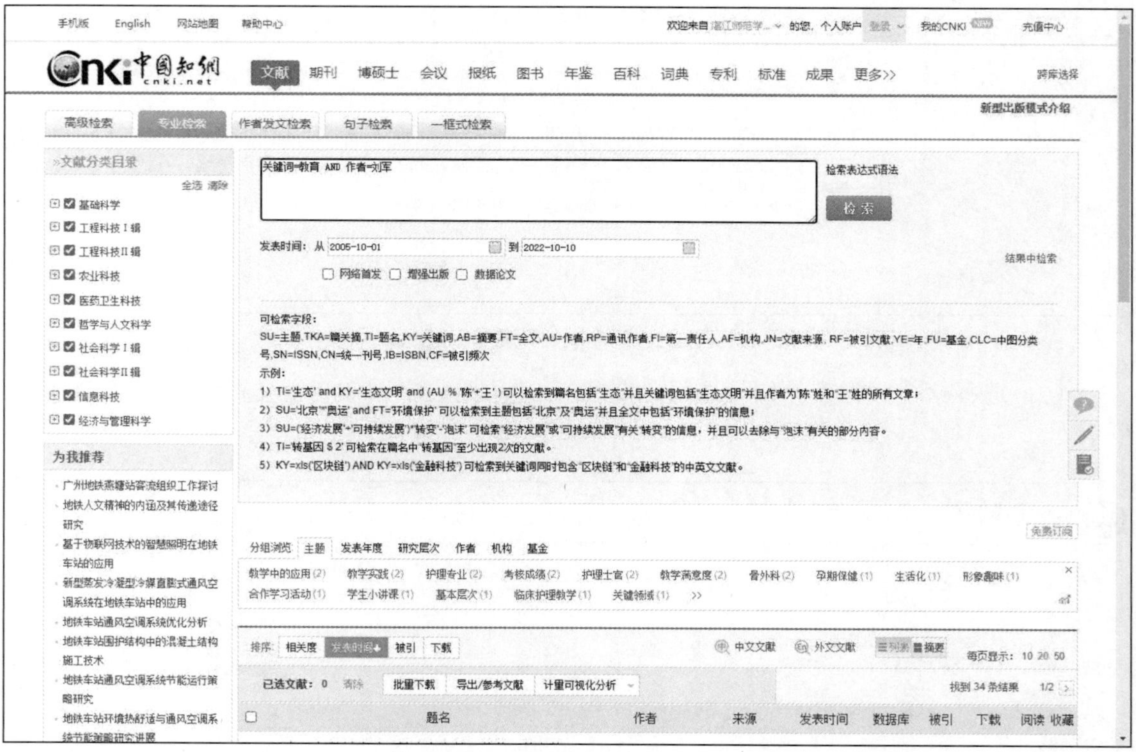

图 3.26 显示结果

2. 跨数据库专业检索步骤

（1）在图 3.23“专业检索”页面中，单击右上角的“跨库选择”按钮，选择相应的数据库，如图 3.27 所示。

（2）确定文献分类目录的检索范围。

（3）输入检索式。

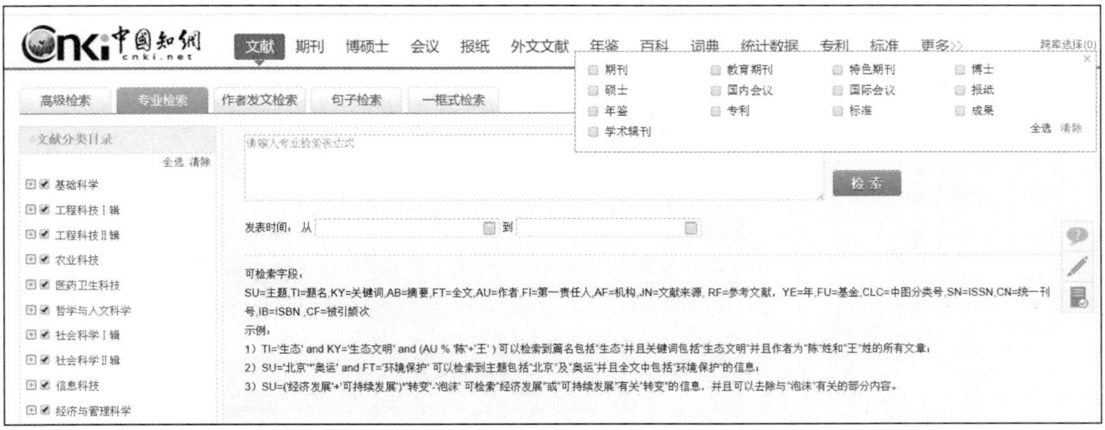

图 3.27　“跨数据库专业检索”页面

检索实例：查找湛江幼儿师范专科学校员工发表的关于教学方面的论文。

检索步骤如下：

（1）进入图 3.27 所示的“跨数据库专业检索”页面，选择“期刊”“教育期刊”“专利”“标准”4 个数据库，如图 3.28 所示。

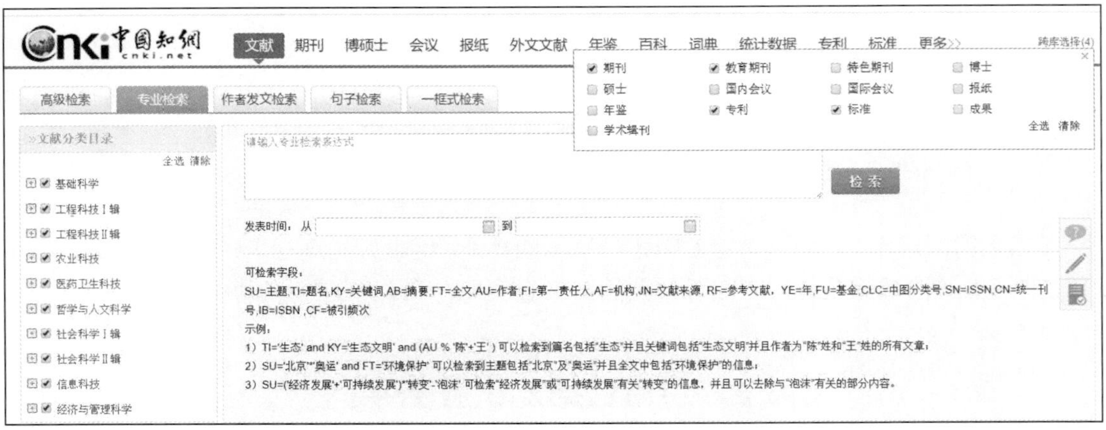

图 3.28　选择 4 个数据库

（2）输入检索式，如图 3.29 所示。

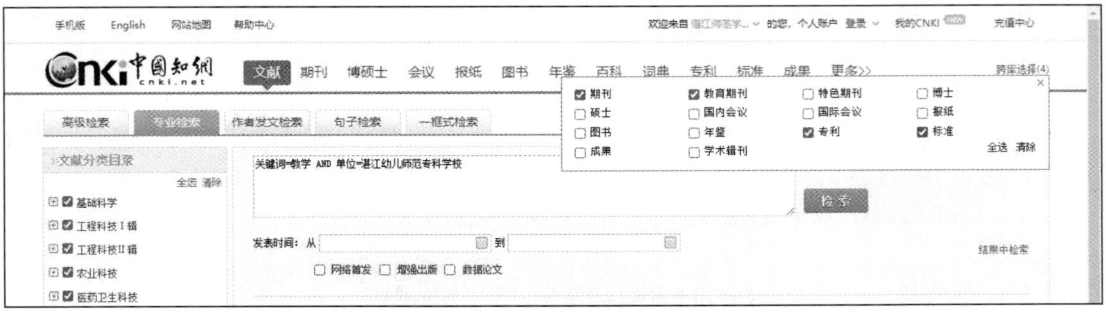

图 3.29　输入检索式

（3）检索结果：找到 36 条结果，如图 3.30 所示。

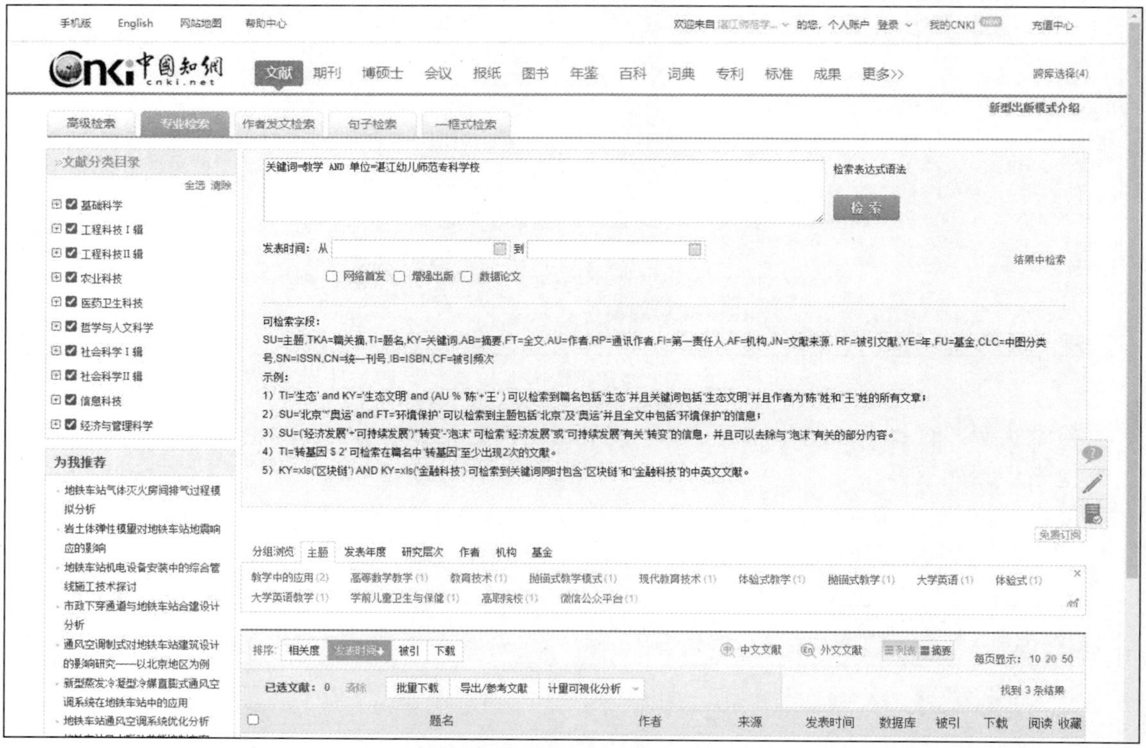

图 3.30　显示检索结果

在以上的阐述中，我们只是对 CNKI 最基本的功能、检索方法进行了讲解。在实际检索中，CNKI 的许多其他功能及使用方法还需要用户自行实践，在此不再一一列举。

3.2　万方数据知识服务平台

万方数据知识服务平台（Wanfang Data Knowledge Service Platform）是在原万方数据资源系统的基础上，经过不断改进、创新而成，集高品质信息资源、先进检索算法技术、多元化增值服务、人性化设计等特色于一身，是国内一流的品质信息资源出版、增值、多元服务平台。收录的文献中有专业文献、会议论文、学位论文、英文文献、地方志、视频等，有 12 个数据库。

全新改版的万方数据知识服务平台提供了快速检索、高级检索、专业检索 3 种功能，面向不同用户群，为用户提供全面的信息解决方案。万方数据知识服务平台中文主页的网址为 http://www.wanfangdata.com.cn，如图 3.31 所示；英文主页的网址为 http://www.wanfangdata.com，如图 3.32 所示。

需要注意的是，万方与中国知网类似，要先注册再使用。

图 3.31　万方数据知识服务平台中文主页

图 3.32　万方数据知识服务平台英文主页

3.2.1 快速检索

快速检索步骤如下：

（1）直接在主页的检索框中输入检索词。

（2）单击“检索”按钮得到检索结果。如果对结果不满意，则进入第（3）步。

（3）改变检索条件进行二次检索。二次检索可多次进行，直到对检索结果满意为止。

检索实例：查找关于校园网网络安全的内容。

检索步骤如下：

（1）直接在检索主页的检索框中输入检索词，例如输入“校园网”，如图 3.33 所示。

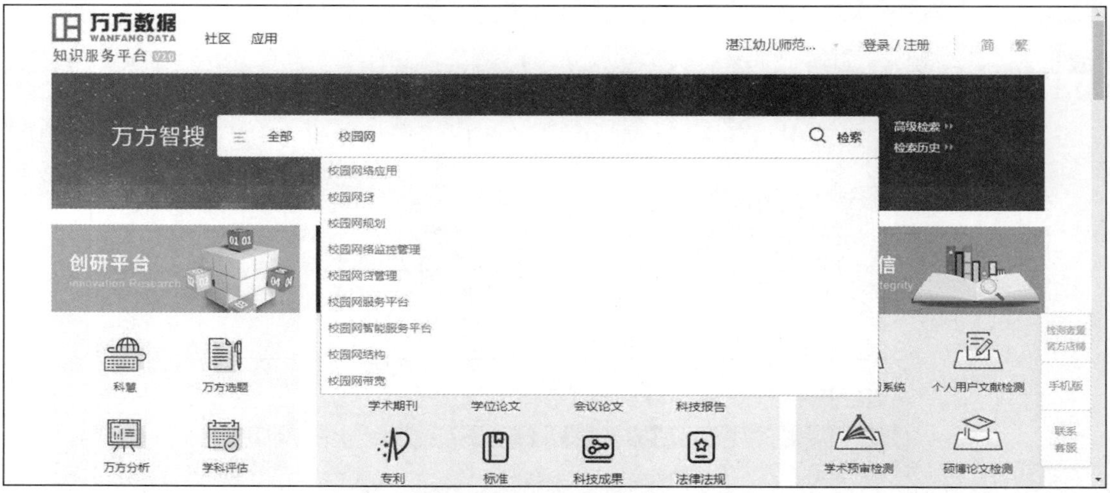

图 3.33 快速检索时直接输入检索词

（2）检索结果：找到 32388 条结果，如图 3.34 所示。

图 3.34 快速检索结果

（3）二次检索：在一次检索结果的基础上，在检索框中输入检索词“网络安全”，单击“结果中检索”按钮，如图 3.35 所示。

图 3.35　输入新的检索词进行二次检索

二次检索结果：找到 3435 条结果，如图 3.36 所示。

图 3.36　显示二次检索结果

再在关键词框中输入“计算机”，单击“结果中检索”按钮，检索结果有 586 条，如图 3.37 所示。

单击其中一个标题“信息时代发展下高校计算机网络安全防护技术研究”，相应标题的浏览方式如图 3.38 所示。

图 3.37　再次进行二次检索的结果

图 3.38　单击标题的浏览方式

思考：在这个检索实例中采用了从最大范围开始，然后逐渐缩小检索范围的方法。如果首先用“网络技术”检索，然后用“校园网”检索，试找出两种结果的不同点。

3.2.2　高级检索

进入检索主页后，选择“高级检索”命令，进入“高级检索”页面，如图 3.39 所示。高级检索的步骤如下：

（1）选择数据库。

（2）输入检索词。

（3）检索并得出检索结果。

（4）如果需要，进行二次检索。

（5）变更数据库，进行新一轮的检索。

图 3.39 “高级检索”页面

检索实例：检索近一年在计算机工程期刊类的杂志上发表的与网络有关的论文，如图 3.40 和图 3.41 所示。

图 3.40 输入“高级检索”条件

图 3.41 “高级检索”结果

3.2.3 专业检索

在“高级检索”页面中，单击“专业检索”选项卡进入“专业检索”页面，如图 3.42 所示。

图 3.42 “专业检索”页面

专业检索的步骤如下：

（1）选择数据库。

（2）输入检索式。自己查阅万方数据库允许使用的检索式。

（3）检索并得到检索结果。

（4）变更数据库，进行新一轮检索。

利用万方数据库进行检索的过程与 CNKI 的基本类似，在此不做详细阐述。

3.3 维普资讯网

维普资讯网是中国数据库产业的开拓者，致力于电子与网络信息资源的研究、开发和应用。业务范围包括数据库出版发行、知识网络传播、期刊分销、电子期刊制作发行、网络广告、文献资料数字化工程，以及基于电子信息资源的多种个性化服务。其主导产品《中文科技期刊数据库》是新闻出版总署批准的大型连续电子出版物，收录中文期刊 14000 余种，文献总量达 5700 万篇，定期出版的专辑涉及社会科学、自然科学、工程技术、农业科学、医药卫生、经济管理、教育科学、图书情报等。

维普资讯网于 2000 年建成，现已成为全球著名的中文信息服务网站，是中国最大的期刊阅读门户，并成为 Google、百度的重要战略合作伙伴。网站学科覆盖理、工、农、医、文、史、哲、法各个领域，并提供网上每日更新。

全新改版的维普资讯网提供了许多增值服务，以打造“全球最大的中文知识社区”为网站目标，为各行业人士提供海量期刊阅读、引用分析、学术评价、互动社区等一站式网络服务。

登录网址 http://www.cqvip.com 打开维普资讯网主页，如图 3.43 所示。网站有产品中心、增值服务、个人业务等导航栏目，如图 3.44 至图 3.46 所示。下面重点介绍“个人业务”的功能。

图 3.43 维普资讯网主页

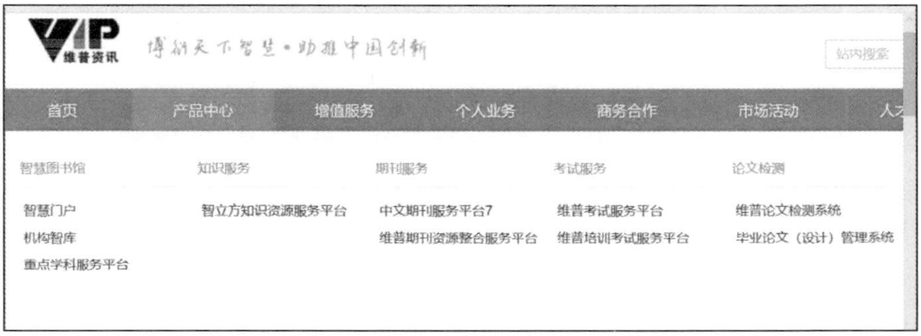

图 3.44 维普资讯网“产品中心”页面

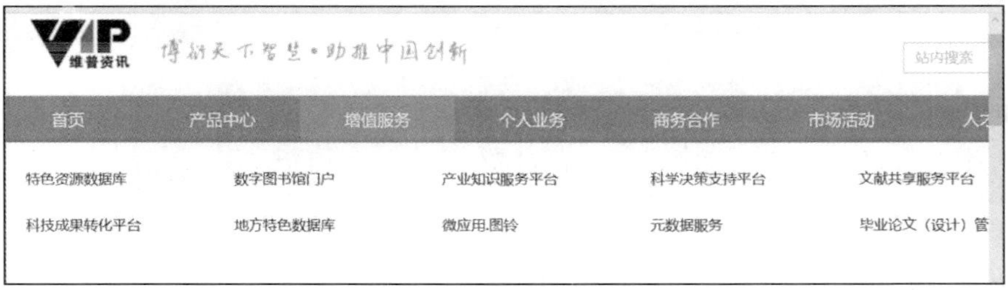

图 3.45 维普资讯网“增值服务”页面

图 3.46 维普资讯网“个人业务”页面

3.3.1 快速检索

在图 3.46“个人业务”页面中，对于各类检索都提供快速检索和高级检索功能。

快速检索的步骤如下：

（1）选择搜索方式，有文献搜索、期刊搜索、学者搜索和机构搜索 4 种。

（2）输入检索词。

（3）单击“开始搜索”按钮得出检索结果。

检索实例：查找关于“计算机信息检索”方面的信息。

（1）在图 3.46 页面中，选择“标题/关键词”单选项，输入检索词为“计算机信息检索”，如图 3.47 所示。

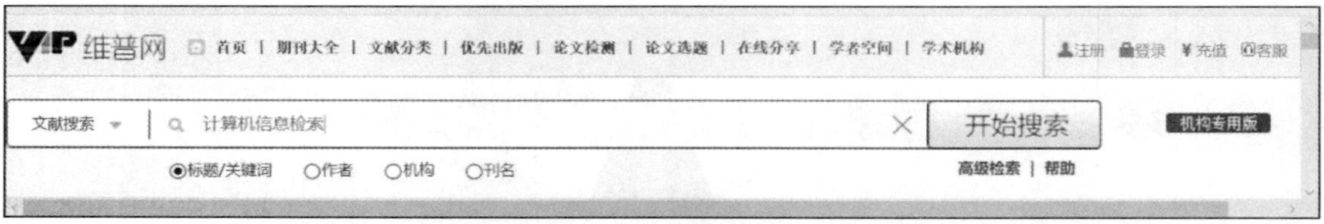

图 3.47 输入检索词

（2）单击“开始搜索”按钮。检索结果：检索到 3217 篇相关文献，如图 3.48 所示。也可以在结果中进行二次检索。

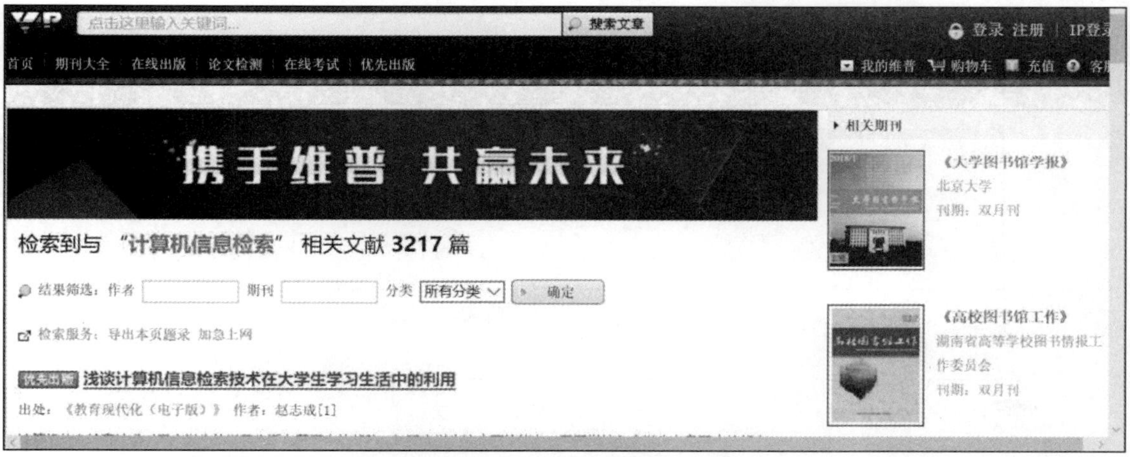

图 3.48 显示检索结果

快速检索的表达式输入类似于百度等搜索引擎，多个检索词之间用空格或者“*”代表“与”，“+”代表“或”，“-”代表“非”。

3.3.2 高级检索

在图 3.46 页面中，选择“高级检索”命令，直接进入期刊文献“高级检索”页面，如图 3.49 所示。

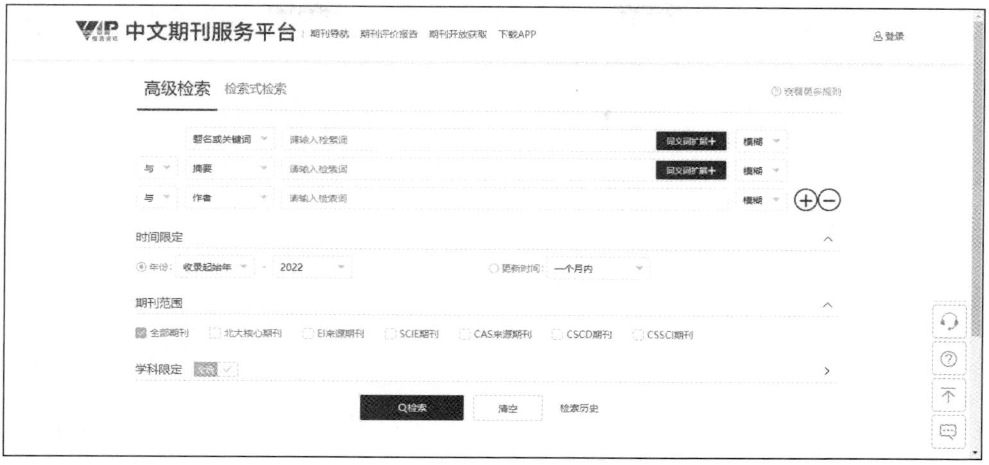

图 3.49　期刊文献“高级检索”页面

“高级检索”页面提供两种检索方式：上方是向导式检索，下方是直接输入检索式。

向导式检索的步骤如下：

（1）进入向导式检索框。

（2）确定检索条件、期刊范围。

（3）输入检索词。

（4）单击“检索”按钮得出检索结果。

检索实例：查找收录起始年至今关于“张伟或李明写的计算机网络”方面的文章。

（1）在图 3.49“高级检索”页面中，使用向导式检索。

（2）确定检索条件、期刊范围。检索项“关键词”为“计算机网络”，检索项“作者”为“张伟”“李明”；逻辑检索表达式：计算机网络 AND（张伟 OR 李明）；选择“全部期刊”复选项，如图 3.50 所示。

图 3.50　逻辑检索表达式

（3）检索结果：找到 6556 篇相关文献，如图 3.51 所示。在结果中，可以进行二次检索、添加和去除。

图 3.51　显示检索结果

直接输入检索式的步骤如下：

（1）下拉“高级检索”页面，进入“直接输入检索式”界面。

（2）按照检索范例输入检索式并选择期刊范围。

（3）单击“检索”按钮得出检索结果。

检索实例：查找 2016 年至今关于“计算机信息检索”方面的文献。

（1）在图 3.49“高级检索”页面中，下拉至“直接输入检索式”界面。

（2）按照检索范例输入检索式。

检索规则：“*”代表“并且”，“+”代表“或”，“-”代表“不包含”。

例如输入检索式：计算机*信息*检索，选择“全部期刊”复选项，如图 3.52 所示。

图 3.52　直接输入检索式

检索结果：找到 8025545 篇相关文献，如图 3.53 所示。按时间筛选为“一年内”，结果找到 3679652 篇相关文献，如图 3.54 所示。可以在结果中进行二次检索、添加和去除。

图 3.53　显示检索结果

图 3.54　“一年内”的筛选结果

3.3.3 分类导航

在图 3.49 的检索页面中，单击“传统检索”选项卡进入分类导航页面，如图 3.55 所示。分类导航相当于提前对搜索结果进行限制。例如，限制文章所属性质为生物科学分类中的类目，则在搜索结果中的文献都是此分类中的文献。

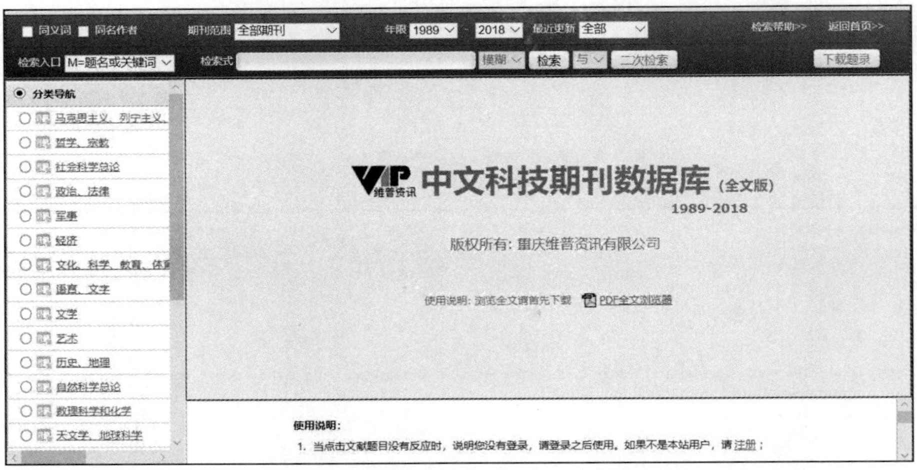

图 3.55 分类导航页面

分类导航的步骤如下：

（1）选择分类。

（2）输入检索词。

（3）确定其他检索条件。

（4）检索得出结果。

（5）可以在结果中进行二次检索。

检索实例：查找 2016 年至今核心期刊中关于“生物科学中的人类基因”方面的文献。

检索步骤如下：

（1）选择分类。在图 3.55 左侧的分类列表中选择“生物科学”类目，如图 3.56 所示。

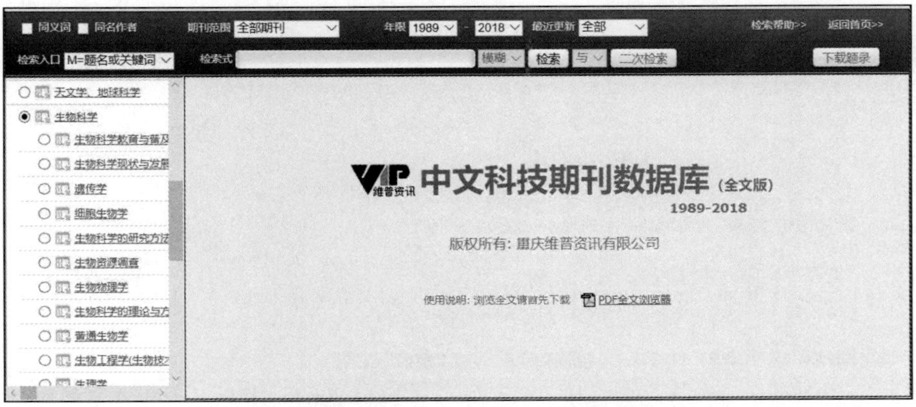

图 3.56 选择“生物科学”类目

（2）输入检索词。例如输入“人类基因”，时间为“2016 年至 2018 年”，期刊范围为“核心期刊”，如图 3.57 所示。

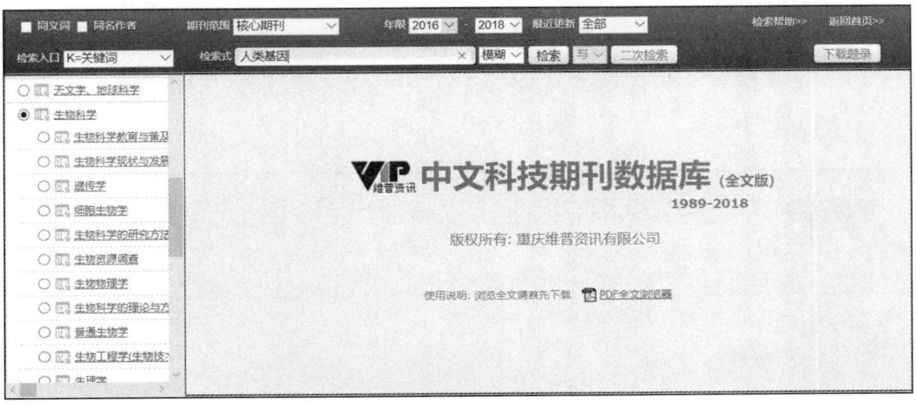

图 3.57　输入检索词

（3）搜索结果：找到 15 篇相关文献，如图 3.58 所示。

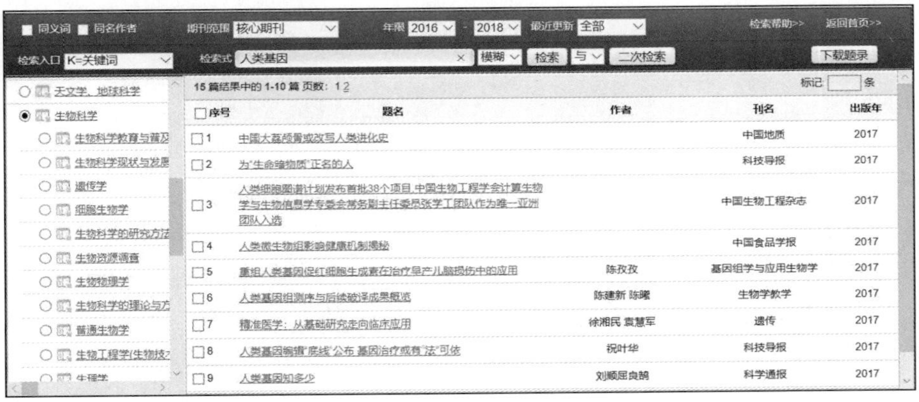

图 3.58　显示检索结果

（4）二次检索。例如在“最近更新”下拉列表框中选择“一年内”，检索结果为找到 7 篇相关文献，如图 3.59 所示。

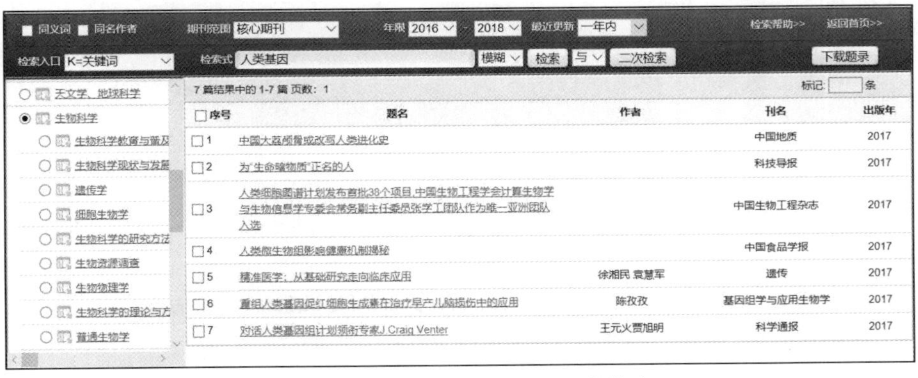

图 3.59　改变检索条件进行二次检索

在选定限制分类并输入关键词检索后，页面自动跳转到搜索结果页，后面的检索操作与快速检索相同。

3.3.4 期刊导航

在图 3.49“高级检索”页面或者在图 3.55“分类导航检索”页面中，单击“期刊导航”选项卡进入“期刊导航检索”页面，如图 3.60 所示。

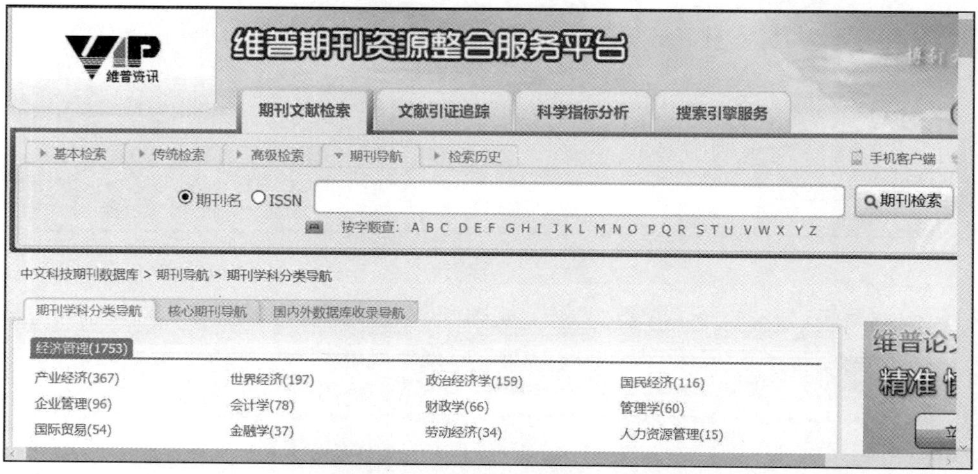

图 3.60 “期刊导航检索”页面

“期刊导航检索”页面有期刊检索、期刊学科分类导航两种检索方式。

1. 期刊检索

如果知道准确的刊名或 ISSN 号，在输入框中输入刊名或 ISSN 号，单击“期刊检索”按钮即可进入期刊名列表页，单击期刊名即可进入期刊内容页。

例如输入期刊名为“当代”，如图 3.61 所示。

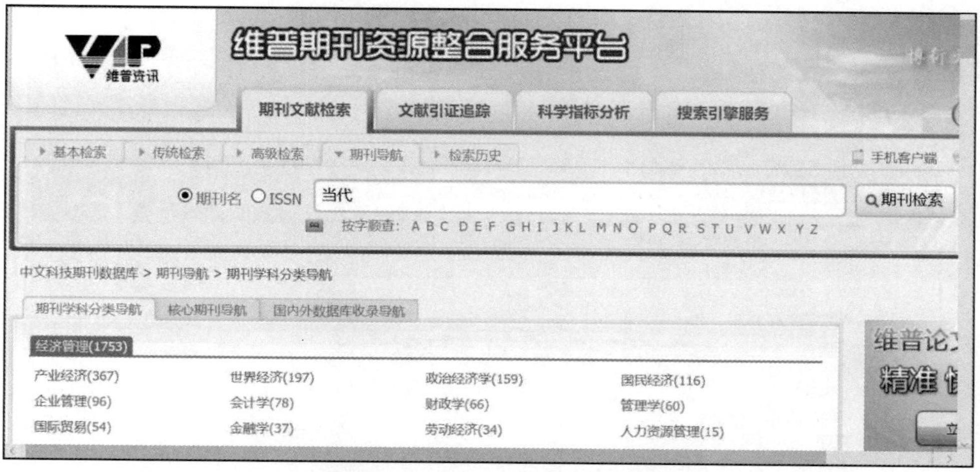

图 3.61 在检索框中输入期刊名

检索结果：找到记录 138 条，如图 3.62 和图 3.63 所示。

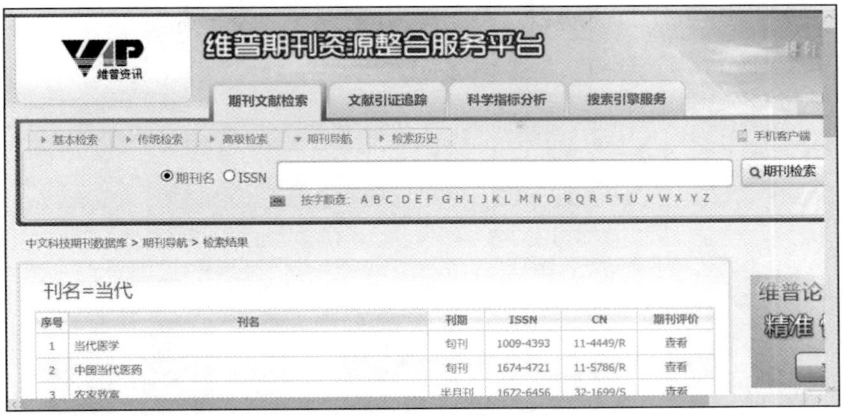

序号	刊名	刊期	ISSN	CN	期刊评价
1	当代医学	旬刊	1009-4393	11-4449/R	查看
2	中国当代医药	旬刊	1674-4721	11-5786/R	查看
3	农家致富	半月刊	1672-6456	32-1699/S	查看

图 3.62　显示检索结果 1

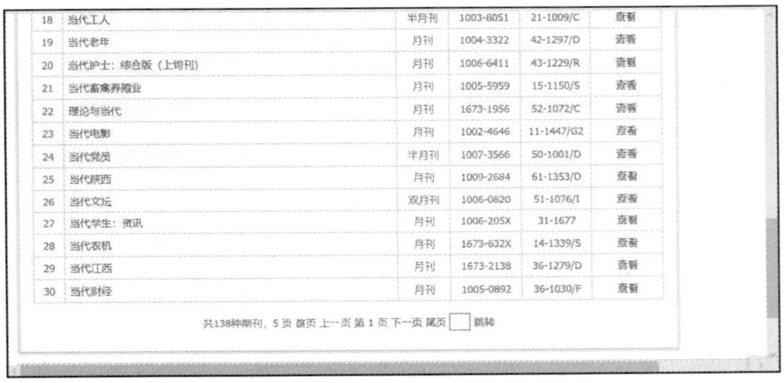

18	当代工人	半月刊	1003-8051	21-1009/C	查看
19	当代老年	月刊	1004-3322	42-1297/D	查看
20	当代护士：综合版（上旬刊）	月刊	1006-6411	43-1229/R	查看
21	当代畜禽养殖业	月刊	1005-5959	15-1150/S	查看
22	理论与当代	月刊	1673-1956	52-1072/C	查看
23	当代电影	月刊	1002-4646	11-1447/G2	查看
24	当代党员	半月刊	1007-3566	50-1001/D	查看
25	当代陕西	月刊	1009-2684	61-1353/D	查看
26	当代文坛	双月刊	1006-0820	51-1076/I	查看
27	当代学生：资讯	月刊	1006-205X	31-1677	查看
28	当代农机	月刊	1673-632X	14-1339/S	查看
29	当代江西	月刊	1673-2138	36-1279/D	查看
30	当代财经	月刊	1005-0892	36-1030/F	查看

图 3.63　显示检索结果 2

2. 期刊学科分类导航

要根据学科分类来查找需要的期刊，单击下面的学科分类即可列出该学科分类下的所有期刊的刊名。单击图 3.60 中的“企业管理（96）”栏目，检索结果显示 96 种与企业管理有关的期刊名称，如图 3.64 所示。

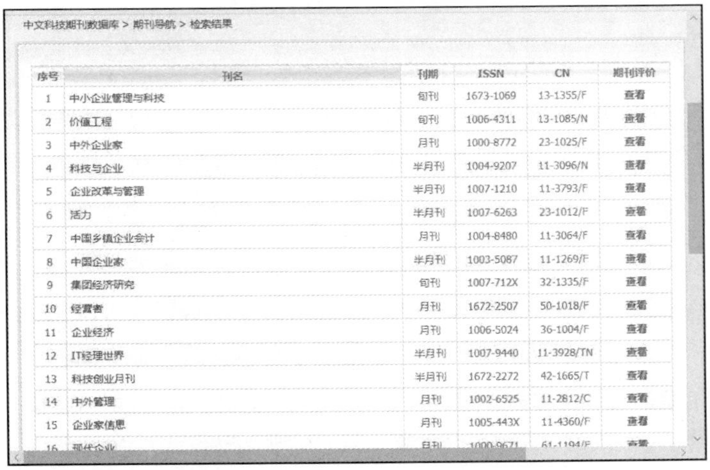

序号	刊名	刊期	ISSN	CN	期刊评价
1	中小企业管理与科技	旬刊	1673-1069	13-1355/F	查看
2	价值工程	旬刊	1006-4311	13-1085/N	查看
3	中外企业家	月刊	1000-8772	23-1025/F	查看
4	科技与企业	半月刊	1004-9207	11-3096/N	查看
5	企业改革与管理	半月刊	1007-1210	11-3793/F	查看
6	活力	半月刊	1007-6263	23-1012/F	查看
7	中国乡镇企业会计	月刊	1004-8480	11-3064/F	查看
8	中国企业家	半月刊	1003-5087	11-1269/F	查看
9	集团经济研究	旬刊	1007-712X	32-1335/F	查看
10	经营者	月刊	1672-2507	50-1018/F	查看
11	企业经济	月刊	1006-5024	36-1004/F	查看
12	IT经理世界	半月刊	1007-9440	11-3928/TN	查看
13	科技创业月刊	半月刊	1672-2272	42-1665/T	查看
14	中外管理	月刊	1002-6525	11-2812/C	查看
15	企业家信息	月刊	1005-443X	11-4360/F	查看
16	现代企业	月刊	1000-9671	61-1194/F	查看

图 3.64　期刊学科分类导航检索结果

也可以利用检索主页的“期刊大全”栏目来检索期刊，如检索与“作文”有关的所有期刊，检索页面如图 3.65 所示，检索结果如图 3.66 所示。

图 3.65 “期刊大全”检索页面

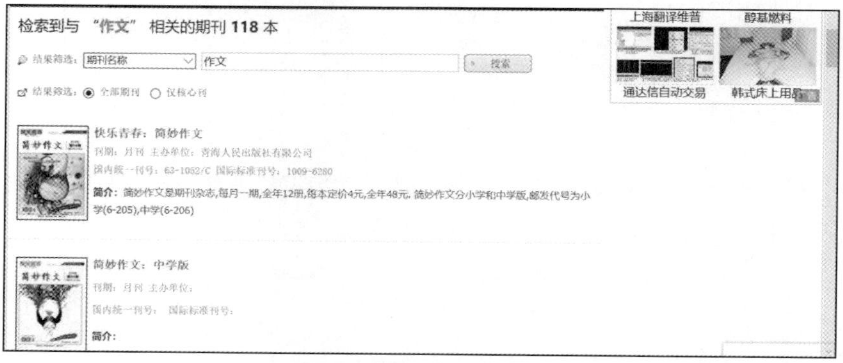

图 3.66 “期刊大全”检索结果

维普资讯网还提供其他一些检索功能，在此不再一一列举。

3.4 超星数字图书

图书馆在走过传统图书馆阶段、自动化图书馆阶段后，步入了数字图书馆阶段。数字图书馆是对传统实体图书馆的扩充，也是实体图书馆在资源提供方式上的更新。它正在全世界迅速发展。目前我国在线图书馆已经达到了数百家。简单地说，数字图书馆（Digital Library）是指对图像、文本、语音、视频、软件和科学数据等不同载体、不同地理位置的信息源经过数字化存储和组织，以计算机网络的方式提供本地和远程用户存取，以实现资源共享的系统。

超星数字图书馆成立于 1993 年，是国内专业的数字图书馆解决方案提供商和数字图书资源供应商。超星数字图书馆是国家“863”计划中国数字图书馆示范工程项目，也是目前世界最大的中文在线数字图书馆，2000 年 1 月在互联网上正式开通。信息收录年限从 1977 年至今，覆盖范围包括 51 个学科分类，涉及哲学、宗教、社科总论、经典理论、民族学、经济学、自然科学总论、计算机等。目前拥有数字图书 80 多万种、数百万册电子图书、500 多万篇论文、超 16 万集的学术视频，拥有超过 35 万授权作者、5300 位名师、1000 万注册用户，提供大量的免费电子图书，并每天进行更新。

输入网址 http://www.sslibrary.com，进入登录页面，如图 3.67 所示。图 3.68 所示是超星数字图书馆主页上半区，图 3.69 所示是超星数字图书馆主页下半区。

图 3.67　超星数字图书馆登录页面

图 3.68　超星数字图书馆主页上半区

图 3.69　超星数字图书馆主页下半区

1. 检索方法

超星数字图书馆的检索方法有主题词检索、高级检索和分类检索 3 种。

（1）主题词检索。即用所需信息的主题词进行查询。

检索实例：检索关于“计算机网络”方面的图书。

在检索框中直接输入检索词“计算机网络”，单击“检索”按钮，检索结果如图 3.70 所示。也可以在结果中进行二次检索。

图 3.70 主题词检索结果

（2）高级检索。主要是在精确搜索某一本书时使用。

检索实例：检索路遥的《平凡的世界》一书。

单击图 3.68 主页上的“高级检索”按钮进入相应页面，在检索框中输入多个检索词，单击“检索”按钮，检索结果如图 3.71 所示。

（3）分类检索。利用图 3.68 主页左侧的“图书分类”导航栏进行粗略的检索。

检索实例：检索关于“生物科学”方面的图书。

单击“生物科学”分类，检索结果如图 3.72 所示。也可以按自己的需求进行排序，如按书名升序等。

在超星数字图书馆下载的内容只能用超星阅读器来浏览。超星阅读器可在主页中的客户端自行下载。

图 3.71　“高级检索”结果

图 3.72　“分类检索”结果

2. 其他功能

（1）超星发现系统。超星发现系统建立在日益增长的海量数字资源基础之上，其宗旨在于打破以往的书刊目录发现和部分文献全文发现，为读者提供具备完善的知识挖掘与数据分析功能的知识发现系统，搜索界面如图 3.73 所示。其核心功能有以下 5 个：

1）多维分面聚类：搜索结果按各类文献的时间维度、文献类型维度、主题维度、学科维度、作者维度、机构维度、权威工具收录维度等进行任意维度的聚类。

图 3.73 超星发现系统搜索界面

2）智能辅助检索：借助内置规范知识库与用户的历史检索发现行为习惯自动判别并切换到与用户近期行为最贴切的领域，帮助实时把握所检索主题的内涵。

3）立体引文分析：实现图书与图书之间、期刊与期刊之间、图书与期刊之间，以及其他类型文献之间的相互参考、相互引证关系分析。

4）考镜学术源流：通过单向或双向线性知识关联构成的链状、网状结构，形成主题、学科、作者、机构、地区等关联图，从而反映出学术思想之间的相互影响和源流。

5）展示知识关联：集知识挖掘、知识关联分析与可视化技术于一体，能够将发现的数据及分析结果以表格、图形等方式直观地展示出来。

（2）读秀学术搜索。读秀学术搜索是一个由海量全文数据及元数据组成的超大型数据库。它能够为读者提供 260 万种图书题录信息，其中包含 200 万种中文图书全文，6 亿页图书、期刊资料，以及报纸、论文、词条、人物和外文资料等一系列学术资源的检索及使用。利用读秀，读者可以对图书和期刊进行目录和全文检索，检索结果直接定位到页，以最快的速度获取知识点相关信息，登录页面如图 3.74 所示。其特色有如下 3 点：

1）资源整合：整合各种文献资源于一个平台，实现统一检索管理。

2）资源检索：通过读秀的深度检索，可快速、准确地查找学术资源。

3）资源获取：读秀为读者整合学术资料，提供多种阅读、获取资源的途径。

图 3.74 读秀学术搜索登录页面

（3）超星移动图书馆。为了让读者在任何时间、任何地点都能享受到图书馆资源，超星数字图书馆推出了移动图书馆的服务。依托集成的海量信息资源与云服务共享体系，为移动终端用户提供了资源搜索与获取、自助借阅管理和信息服务定制的一站式解决方案。超星移动图书馆除了支持网页版的浏览外，还提供基于 iOS、Android 系统的手机客户端体验。移动终端通过下载超星移动图书馆 APP 即可实现阅读，如图 3.75 所示。

图 3.75　超星移动图书馆 APP 下载页面

3.5　书生数字图书

“书生之家数字图书馆”由北京书生数字技术有限公司于 2000 年创办，是建立在中国信息资源平台基础之上的综合性数字图书馆。目前可提供 10 多万种图书全文在线阅读，图书内容涉及各个学科领域，同时提供强大的全文检索功能，并以每年六七万种的数量递增。

输入网址 http://ss.hnadl.cn 进入登录页面，如图 3.76 所示。图 3.77 所示是个人注册并登录后的页面。

图 3.76　“书生之家数字图书馆”用户登录页面

图 3.77　登录后的页面

1. 检索方法

（1）图书全文检索：选择图 3.77 所示主页上方的“图书全文检索”命令，此检索提供图书内容和图书目录两个检索框，如图 3.78 所示。

（2）组合检索：通过本功能可以进行复杂的图书检索，提供图书名称、作者、丛书名称、主题、提要的检索项，可进行逻辑组配，如图 3.79 所示。

图 3.78　“图书全文检索”界面

图 3.79　“组合检索”界面

（3）高级全文检索：在书生之家主页中单击“高级检索”即可进入“高级全文检索”页面，高级检索在简单检索的检索字段基础上，采用字段组配的方法（逻辑或、逻辑与）提供更为精确的组合检索，如图 3.80 所示。

图 3.80 “高级全文检索”页面

（4）分类检索：在图 3.77 所示的登录页面中，左侧显示分类目录。单击相应类目即可打开该类目下的全部图书，在当前类目下还可按书名、著者等字段进行图书检索。

阅读“书生之家”电子图书全文之前，需要按照说明安装最新版的书生阅读器。

2. 书生移动图书馆

2010 年 6 月，北京书生公司正式推出了全球首个具备完全功能的移动图书馆，这也标志着图书馆由数字图书馆时代进入到移动图书馆时代。下载书生移动图书馆客户端，注册后即可使用。

3.6 龙源期刊网

3.6.1 期刊

期刊又称杂志，一般是指具有固定题名、定期或不定期出版的连续出版物。在前面讲述的信息检索中，最后查到的科技论文都出自科技期刊。随着 Internet 的发展，期刊的载体形式也发生了根本性的变化，电子期刊已逐渐成为网上的重要信息资源。

1. 科技期刊的特点

科技期刊具有报道及时、内容广泛、连续出版的特点。科技期刊在检索工具的文摘中，往往有卷、期、页的标志。在科技界，许多新的成果、方法、观点往往首先在期刊上刊登，科技期刊是科学交流的主要工具。

2. 出版周期

期刊的出版周期有定期和不定期之分。定期期刊有周刊、双周刊、月刊、双月刊、季刊、半年刊、年刊等。

3. 科技期刊的类型

按期刊性质和内容分，主要有原始论文期刊、快报或简报类期刊、文摘和检索性期刊、综论性期刊和新闻性期刊等类型。

3.6.2 电子期刊

电子期刊是以连续方式出版并通过电子媒体发行的期刊。经过近 20 年的发展，电子期刊已从最初的软盘期刊，第二代的 CD-ROM 期刊、联机期刊，发展到现在第三代的网络化电子期刊。所谓网络化电子期刊，是指投稿、编辑、出版发行、订购、阅读乃至读者意见反馈的全过程都是在网络环境中进行的，任何阶段都不需要用纸的期刊。

1. 电子期刊的特点

电子期刊具有传递迅速，获取信息快；表现形式灵活多样；检索方便，容易操作；真正实现资源共享的特点。

2. 电子期刊的获取途径

电子期刊的获取途径主要包括 Internet 上的电子期刊，如龙源期刊网；商用数据库，如 CNKI 数据库；电子图书馆，如超星图书馆；光盘等。

3.6.3 龙源期刊网

1. 龙源期刊网简介

龙源期刊网是全球最大的中文杂志在线阅读网站，与纸版刊物同步发行。龙源期刊网自 1998 年成立以来，倡导“知识主体论”的理念，同千家中国优秀的人文类期刊社独家签约，采用全新的商务模式，开发建立了先进的内容管理平台和技术平台，向大学、中学、小学、政府机关、党校、军队、企业、社区提供各具特色的电子期刊阅览室。美国、加拿大的图书馆也已开始广泛使用该网。

2. 龙源期刊网特色

（1）人文内容、名刊荟萃。主要包括时政、党建、管理、财经、哲学、历史、文学、教育、军事、体育、社会、职场、健康、家庭、时尚等。

（2）与纸版内容同步，更新及时，持续服务。期刊社向龙源期刊网直接提供数据，可在纸版面市的同时看到全文电子版。

（3）知识产权完整、规范，每家刊社都有单独授权协议，可持续发展，不会引起任何版权纠纷。以整刊为单位呈现，呈现刊物各自的品牌特色。

（4）使用方法简单、灵活。采用纯文本格式，可以实现检索、复制。视觉效果好，不需要下载或使用专用浏览器。

（5）完善的技术支持和强大的后台管理功能。设有公网、教育专网（CerNET）专门服务器，访问快捷。单独的后台管理界面，可查看翔实的阅读情况统计，可自定义功能。

（6）个性化服务。可以支持个性化定制，提供了龙源文库和套餐专区。

3. 龙源期刊网的检索方法和方式

（1）分类浏览。龙源期刊网将千种人文社科类期刊按十二大类进行归集，每个大类以整刊、现刊网络出版的形式呈现。

（2）内容检索。在检索框中输入文章或杂志的名称，单击“检索”按钮。

4. 龙源期刊网主页

登录网址 http://www.qikan.com.cn进入龙源期刊网主页，如图 3.81 所示。龙源期刊网是收费类网络资源，只有在用户购买后才可使用。图 3.82 所示为“时政综合”类期刊的页面。

图 3.81 龙源期刊网主页

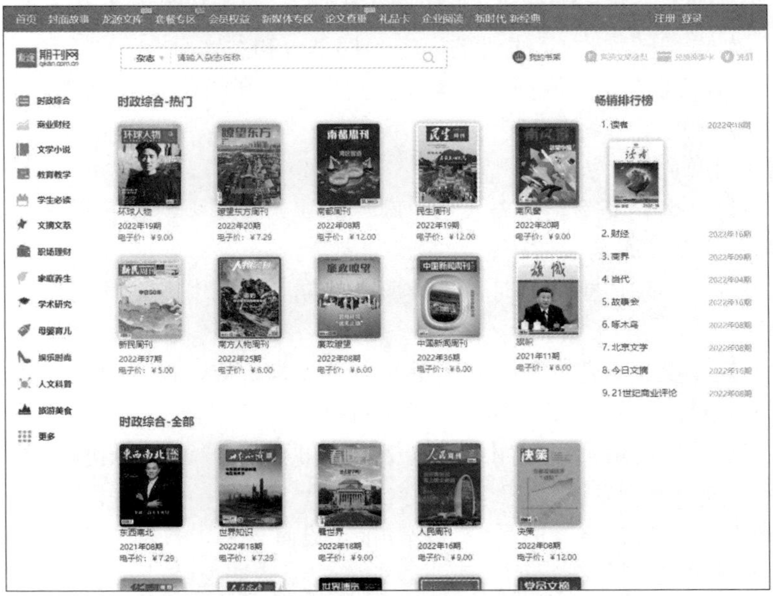

图 3.82 “时政综合”类期刊

3.7　其他中文数据库

3.7.1　国家科技图书文献中心数据库

国家科技图书文献中心是一个虚拟的科技信息资源机构，2000 年 6 月由中国科学院图书馆、工程技术图书馆（中国科学技术信息研究所、机械工业信息研究院、冶金工业信息标准研究院、中国化工信息中心）、中国农业科学院图书馆、中国医学院图书馆组建。其任务是较完整地收藏国内外科技文献信息资源，制定数据加工标准、规范，建立科技文献数据库，利用现代网络技术提供多层次服务，推进科技文献信息资源的共建共享，组织科技文献信息资源的深度开发和数字化应用，开展国内外合作与交流。

国家科技图书文献中心数据库系统资源分为外文库和中文库，提供中外文期刊、图书、会议文献、专利文献、科技报告、学位论文等各种文献类型和各种载体的科技文献信息。

登录网址 http://www.nstl.gov.cn 进入主页，如图 3.83 所示。

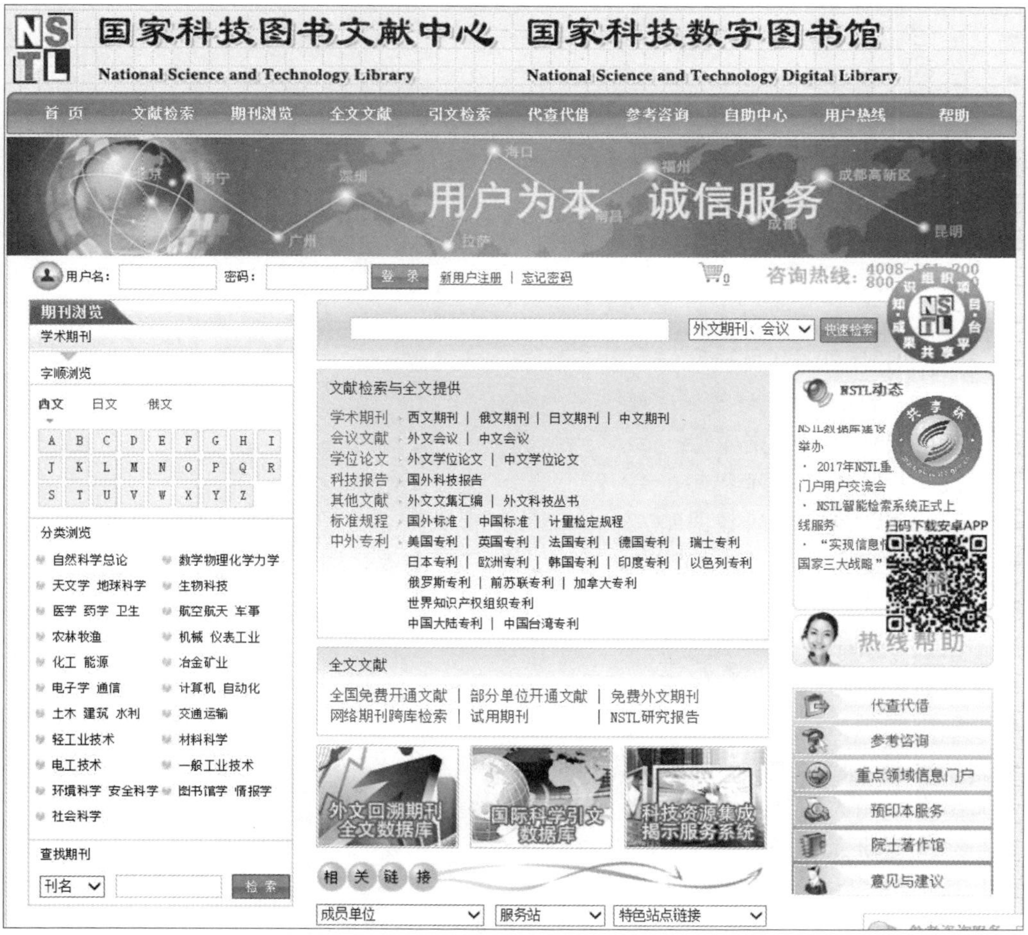

图 3.83　国家科技图书文献中心主页

系统通过互联网向用户提供阅览、复印、查询、检索、全文传递、专题信息、专家咨询等服务。其中查询服务还可向用户免费提供二次文献检索服务；全文传递服务则通过电子邮件、传真、邮寄等方式向注册用户提供一次文献服务，即全文服务。

系统提供两种检索方式：快速检索和数据库检索。系统默认为快速检索，数据库检索有期刊浏览、全文文献和引文检索等方式。检索过程与前面讲到的 CNKI 数据库资源的检索类似。

3.7.2 CALIS 高等教育数字图书馆

CALIS 高等教育数字图书馆包含以下数据库：

- CALIS 高校学位论文库
- CALIS 联合书目数据库
- 敦煌学数据库
- 机器人信息数据库
- 棉花文摘数据库
- 数学文献信息资源集成系统
- 中国工程技术史料数据库
- 岩层控制数据库
- 有色金属文摘库
- 世界银行出版物全文检索数据库
- 全国高校图书馆信息参考服务大全
- 全国高校图书馆进口报刊预订联合目录数据库
- 经济学学科资源库
- CALIS 学术会议论文库
- CALIS 中文现刊目次库
- 教育文献数据库
- 邮电通信文献数据库
- 钱学森特色数据库
- 石油大学重点学科数据库
- 长江资源数据库
- 东北亚文献数据库
- 蒙古学文献数据库
- 机械制造与自动化数据库
- 新型纺织信息库
- 环境科学与工程学科信息数据库
- 上海交通大学学位论文数据库
- 东南亚研究与华侨华人研究题录数据库
- 通信电子系统与信息科学数据库

登录网址 http://www.calis.edu.cn/进入主页，如图 3.84 所示。

图 3.84　CALIS 高等教育数字图书馆主页

3.7.3　CASHL 资源与服务

CASHL 是中国高校人文社会科学文献中心，可为用户提供的服务内容有高校人文社科外文期刊目次数据库查询、高校人文社科外文图书联合目录查询、CASHL 大型特藏文献查询、高校人文社科核心期刊总览、国外人文社科重点期刊订购推荐、文献传递服务、CASHL 馆际互借等。

登录网址 http://www.cashl.edu.cn 进入主页，如图 3.85 所示。

图 3.85　CASHL 主页

3.7.4 国内网上图书馆

1. 中国国家图书馆 · 中国国家数字图书馆

中国国家数字图书馆提供如下信息：图书、期刊、报纸、学位论文、古籍善本、特藏专藏——图书馆学资料、敦煌吐鲁番学文献资料、艺术资料、少数民族文字书刊、日本出版物、国际组织与外国政府出版物等多种类型；工具书；年鉴；电子出版物；缩微资料；视听资料。登录网址 http://www.nlc.gov.cn 进入主页，如图 3.86 所示。

图 3.86 中国国家数字图书馆主页

2. 公共图书馆

公共图书馆包括首都图书馆、辽宁省图书馆、太原市图书馆、福建省图书馆、深圳罗湖区图书馆、上海图书馆、沈阳图书馆、山东省图书馆、厦门图书馆、深圳南山图书馆、上海黄浦图书馆、大连图书馆、济南图书馆、江西省图书馆、汕头市图书馆、上海虹口区图书馆、内蒙古图书馆、青岛市图书馆、湖南图书馆、佛山市图书馆、上海少儿图书馆、甘肃省图书馆、南京图书馆、湖北省图书馆、顺德市图书馆、上海闸北图书馆、兰州市图书馆、金陵图书馆、武汉图书馆、湛江图书馆、天津图书馆、陕西省图书馆、桂林图书馆、四川省图书馆、中山市图书馆、重庆图书馆、西安图书馆、苏州图书馆、成都图书馆、南海图书馆、黑龙江省图书馆、河北省图书馆、浙江省图书馆、广西壮族自治区图书馆、哈尔滨市图书馆、河南图书馆、杭州图书馆、广东中山图书馆、吉林省图书馆、郑州市图书馆、安徽省图书馆、广州图书馆、长春图书馆、山西省图书馆、合肥市图书馆、深圳图书馆等。

3. 科研图书馆

科研图书馆包括中国科学院图书馆、中科院国家天文台图书馆、中科院大连化学物理研究所图书档案信息中心、中科院物理研究所图书馆、中科院武汉植物研究所图书馆、中科院数学与系统科学研究院图书馆、中科院武汉图书馆、中科院上海图书馆（生命科学图书馆）、中科院资源环境科学信息中心（中科院兰州图书馆）、中科院成都文献情报中心、中国医学科学院/协和医科大学图书馆等。

4. 高校图书馆（仅列出华北地区）

高校图书馆包括北京大学图书馆、清华大学图书馆、北京师范大学图书馆、北京外国语大学图书馆、中国人民大学图书馆、中国矿业大学（北京校区）图书馆、中国地质大学图书馆、中央音乐学院图书馆、中国农业大学图书馆、北京邮电大学图书馆、北京交通大学图书馆、北京化工大学图书馆、北方工业大学图书馆、北京工业大学图书馆、北京科技大学图书馆、中央财经大学图书馆、首都师范大学图书馆、首都经济贸易大学图书馆、首都医科大学图书馆、北京大学医学图书馆、北京语言大学图书馆、北京理工大学图书馆、北京林业大学图书馆、北京航空航天大学图书馆、北京中医大学图书馆、南开大学图书馆、天津大学图书馆、天津工业大学图书馆、天津师范大学图书馆、天津医科大学图书馆、天津财经大学图书馆、河北大学图书馆、河北科技大学图书馆、山西大学图书馆、河北师范大学图书馆、河北工业大学图书馆、山西师范大学图书馆、太原理工大学图书馆、河北经贸大学图书馆、燕山大学图书馆、山西财经大学图书馆、内蒙古民族大学图书馆、内蒙古大学图书馆、内蒙古工业大学图书馆、内蒙古科技大学图书馆等。

3.7.5　特种文献数据库

在此主要列举各类信息，详细介绍在第 4 章。

1. 中国专利及其检索

中国专利检索网站有：

- 国家知识产权局
- 中国专利信息网
- 中国专利检索系统
- 中国专利网
- 中国专利文摘库
- 中国发明专利技术信息网
- 万方数据资源成果专利类

2. 中国科技报告及其检索

国内常见的科技报告数据库有：

- 国家科技图书文献中心国外科技报告数据库
- 科学技术研究成果公报
- 中国国防科技报告通报索引
- 中国重大科技成果数据库
- 中国实用技术成果数据库
- 中国国防科技信息中心中文馆藏库

- 万方数据资源成果专利类

3. 中国学术会议文献信息检索

常见的会议数据库有：

- 万方数据资源科技文献类——中国会议论文数据库
- 国家科技图书文献中心数据库——中文会议论文数据库和外文会议论文数据库
- CALIS 学术会议论文库
- 国内专业会议数据库

4. 政府出版物信息检索

政府出版的信息检索相关出版物有：

- 万方数据资源政策法规类
- 中国法律法规（5654）
- 中国食品法规（5608）
- 科技决策支持（5595）
- 经济法规全文（5361）
- 中国技术监督法规（151）
- 中国建材法规（117）
- 中国法律法规大典数据库

国内政府网站有（仅列国务院各部委、直属机构）外交部、国家发展和改革委员会、商务部、教育部、科学技术部、国防部、公安部、财政部、人力资源和社会保障部、国土资源部、住房和城乡建设部、铁道部、交通运输部、工业和信息化部、水利部、农业部、卫生部、文化部、监察部、国家民族事务委员会、司法部、民政部、中国人民银行、审计署、国家人口和计划生育委员会、国有资产监督管理委员会、海关总署。

5. 产品信息检索

产品信息检索网站有：

- 万方数据资源：中国企业、公司及产品数据库（CECDB），始建于 1988 年，是国内最早商业化运作的企业信息库，收录了国内各行业近 20 万家主要生产企业及大中型商贸公司的详细信息及科技研发信息。全部数据坚持月度更新，准确率首屈一指。
- 中国资讯行数据库
- 中国商标数据库
- 中华商标在线
- 中国商标投资网
- 中国商标网

6. 技术标准信息检索

目前，全世界已有的技术标准达 70 万件以上，与标准有关的各类文献也有数十万件。常见的标准信息检索网站和工具书有：

- 万方数据库——中外标准
- 中国标准咨询网
- 国家科技图书文献中心
- 国家标准化管理委员会

- 中国标准网
- 工标网
- 通信标准与质量信息网
- 工程建设标准全文信息检索系统
- 《中国国家标准汇编》

万方数据资源系统中的标准：

- 中国行业标准
- 中国国家标准
- 中国建设标准
- 国际标准
- 欧洲标准
- 国际电工标准
- 德国国家标准
- 法国国家标准
- 英国国家标准

7. 科技成果信息检索

科技成果信息检索网站有：

- 万方数据资源科技信息子系统
- 中国科技成果数据库
- 国家科技图书文献中心数据库
- 国家科技成果网
- 中国科学家门户网
- 科技决策支持数据库
- 全国科技成果交易信息数据库
- 中国重大科技成果数据库
- 科技成果精品数据库
- 国家级科技授奖项目数据库

8. 技术市场信息检索

技术市场信息检索网站有：

- 中国技术市场信息港
- 中国技术交易网
- 北方技术交易市场
- 内蒙古科技兴贸信息网
- 中国资讯行数据库
- 新华社多媒体信息数据库
- 国务院发展研究中心信息网

9. 机构信息检索

机构信息检索网站有：

- 中国机构编制网

- 中国资讯行数据库
- 新华社多媒体信息数据库
- 国务院发展研究中心信息网

10. 学位论文检索

学位论文检索网站有：

- CALIS 高校学位论文库
- 国家科技图书文献中心学位论文检索系统
- CNKI 中国优秀博硕士论文全文数据库
- 万方数据资源——中国学位论文文摘数据库
- 中国国家图书馆学位论文检索系统
- 中国科学院博士学位论文文摘（年刊）
- 中国科技大学学位论文目录检索系统

3.7.6 其他中文数字图书馆

其他中文数字图书馆有：

- 方正 Apabi 数字图书馆
- 星澜数字图书馆
- 中国数字图书馆

3.7.7 中文科学引文索引

1. 中国科学引文索引数据库（CSCD）

中国科学引文索引数据库由中国科学院文献情报中心研究建设，中科院和国家自然科学基金会共同资助，1997 年 11 月 6 日通过专家鉴定，以中国科学引文数据库为基础制作而成。数据内容覆盖中国出版的数学、物理、化学、天文、地学、生物、农林、医学及工程技术等领域，提供上网期刊免费查询服务，是我国目前收集被引文献最多的电子出版物。该数据库可用于检索某著者论著被引用情况和检索某第一著者发表的文章，被国家自然科学基金会列为申请国家杰出青年科学基金项目必须查询的唯一一个中国建设的科技文献数据库，被誉为中国的 SCI。

CSCD 的功能与特点有以下 3 个：

（1）可以查询各学科领域最重要的核心期刊及被查者在核心期刊上发表的文章、其论著被核心期刊引证的情况等。结构编排最为科学。

（2）可以查询专著、会议论文、学位论文、专利论文等多种文献论文的产出量、被引用量，并进行统计分析、科学评价。

（3）吸纳了 SCI 的许多优点，可以很方便地从多种不同的角度满足用户进行文献检索和文献信息统计分析的需求。

2. 中国科技论文引文分析数据库（CSTPC）

中国科技论文引文分析数据库集文献检索、引文与论文统计分析于一体，既是科技人员查找有关参考文献的重要依据，又是各级科技管理部门和各科研机构、高等院校了解全国和各单位、各部门科技论文发表情报的重要工具，提供开展科技论文的引文分析。信息提供单位是中国科技信息研究所，收录范围包括自然科学领域各个专业的多种科技核心期刊。

习　题

检索题目：检索人文关怀、心理疏导与思想政治工作研究。

（1）课题名称：人文关怀、心理疏导与思想政治工作研究。

（2）课题分析（提取课题包含的主题概念——主题词或关键词）：①人文关怀；②以人为本；③心理疏导；④心理咨询；⑤心理健康教育；⑥心理辅导；⑦思想政治工作；⑧大学生。

（3）构建检索策略：(人文关怀 OR 以人为本)AND(心理疏导+心理咨询+心理健康教育+心理辅导)AND 思想政治工作 AND 大学生。

选择检索范围：

- 文种范围：中文。
- 时间范围：2018 年至 2022 年。
- 文献类型范围：①图书；②学位论文；③会议论文；④期刊论文；⑤科技成果。
- 选定检索途径：题名途径；关键词途径；摘要途径；全文途径。
- 选择检索方式：网络数据库。
- 选择检索方法：综合法。

（4）选择检索工具（检索系统或文献数据库）：CNKI 中国知网之中国期刊全文数据库、中国重要报纸全文数据库、中国优秀博硕士学位论文全文数据库。

（5）简述检索过程。利用 CNKI 中国知网跨库专业检索，为保证查全率和查准率，选择输入“全文=思想政治工作 AND 全文=大学生 AND (题名=人文关怀 OR 题名=以人为本 OR 摘要=人文关怀 OR 摘要=以人为本) AND (关键词=心理疏导 OR 关键词=心理咨询 OR 关键词=心理健康教育 OR 关键词=心理辅导)”。

第 4 章　其他科技信息资源检索与利用

科技信息资源是记载科学活动或科技知识的信息载体，其特征是信息量大、载体形式多样、内容分散且交叉、信息的有效期较短。

科技信息资源按照文献性质分为科技图书、科技期刊、科技报告、会议文献、专利文献、标准文献、学位论文、产品资料及技术档案。

科技网站是一种网络版的科技文献检索工具，利用网络搜索引擎可以查找与科技网站有关的文档。

4.1　专 利 文 献

4.1.1　概述

1. 知识产权

"知识产权"来源于 Intellectual Property（智力财产权），指人们可以就智力创造的成果依法享有的专有权利。广义定义：知识产权可以包括一切人类智力创造的成果。狭义定义：知识产权包括工业产权和版权两部分。工业产权包括专利权、商标权、禁止不正当竞争权；版权包括著作权（科技、文学及艺术作品）、传播者权（演出、录音像、广播作品、制图、技术绘图）。

知识产权与有形资产权不同，其特点是无形性、专有性、地域性、时间性。

加入 WTO 后，我国知识产权保护面临新的机遇和挑战。科技工作者要注意知识产权保护问题，有关知识请参阅中国知识产权网（http://www.cnipr.com）。

2. 专利

专利的基本概念是：发明人或设计人所做出的发明，实用新型的外观设计，经申请被批准后，在法律规定的有效期内，授予受保护的专利权，即专利权人享有独占利益。专利按其类型的不同，各国都规定有一定的保护年限，在保护期内，专利人对其发明享有垄断权（包括产品生产和市场垄断）。专利也和其他财产一样，可以自由转让或买卖。待到保护期满后，专利即从个人占有变为公有，成为公共财产。

专利实际上包含三个要素：一是指专利权；二是指取得专利权的发明；三是指专利文献。

专利权是不同于动产产权（如原料、零件）和不动产产权（如机器、厂房）的第三种产权，即知识产权的主要组成部分。知识产权由版权、专利权和商标组成，专利权是一种无形的知识财富。

广义的专利文献包括申请说明书、专利说明书、专利公报、专利分类表等。从狭义上来说，专利文献指的是申请说明书和专利说明书。

申请专利时必须符合下列条件：新颖性、创造性和实用性。中国专利的类型及特点如表 4.1 所示。

表 4.1　中国专利的种类

名称	发明专利（20 年）	实用新型专利（10 年）	外观设计专利（10 年）
要求	对产品、方法及其改进提出的新技术方案	对产品形状、构造及其结合提出的实用方案	对产品形状、图案、色彩或者其结合所作出的富有美感并适合工业上应用的新设计
特点	具有突出的实质性特点和显著进步	具有实质性特点和进步	具有实质性特点和进步

专利的检索途径有以下 3 个：

（1）分类途径。课题学科分类—IPC 查分类号—专利索引查公报卷期号或专利公报查摘要和序号—索取专利说明书。

（2）申请人和专利权人途径。专利索引查专利公报的卷期号及序号—专利公报的摘要—索取专利说明书。

（3）专利号途径。申请号、公告号、专利号—专利说明书。

专利申请程序：委托专利代理机构办理申请手续。

专利说明书的主要内容：发明的名称、所属技术问题领域、现有技术、发明的目的、发明的内容、发明的效果、附图及附图说明的简单说明书、实施实例。

4.1.2　中华人民共和国国家知识产权局

中华人民共和国国家知识产权局的标志是由五星和英文字母 IP 组合成的。标志的左半部分是红五星图案，象征国家知识产权局的国家性和权威性。五星对外又代表中华人民共和国。标志的右半部分是字母 IP，是英文 Intellectual Property（知识产权）的缩写。登录网址 https://www.cnipa.gov.cn/进入主页，其上半区页面如图 4.1 所示，下半区页面如图 4.2 所示。

图 4.1　中华人民共和国国家知识产权局主页上半区

图 4.2　中华人民共和国国家知识产权局主页下半区

在图 4.2 中，单击右下角的“系统平台”进入相应页面，如图 4.3 所示。页面包含 5 项内容，其中专利申请和专利检索为两大主要功能。专利检索时，需要提供如专利号、专利名称或专利人等信息，分为常规检索、高级检索、导航检索和命令行检索，如图 4.4 所示。在检索之前，必须进行用户注册。

图 4.3　“系统平台”页面

图 4.4　“专利检索”页面

在进行专利申请时，可利用中国专利电子申请网，如图 4.5 所示。

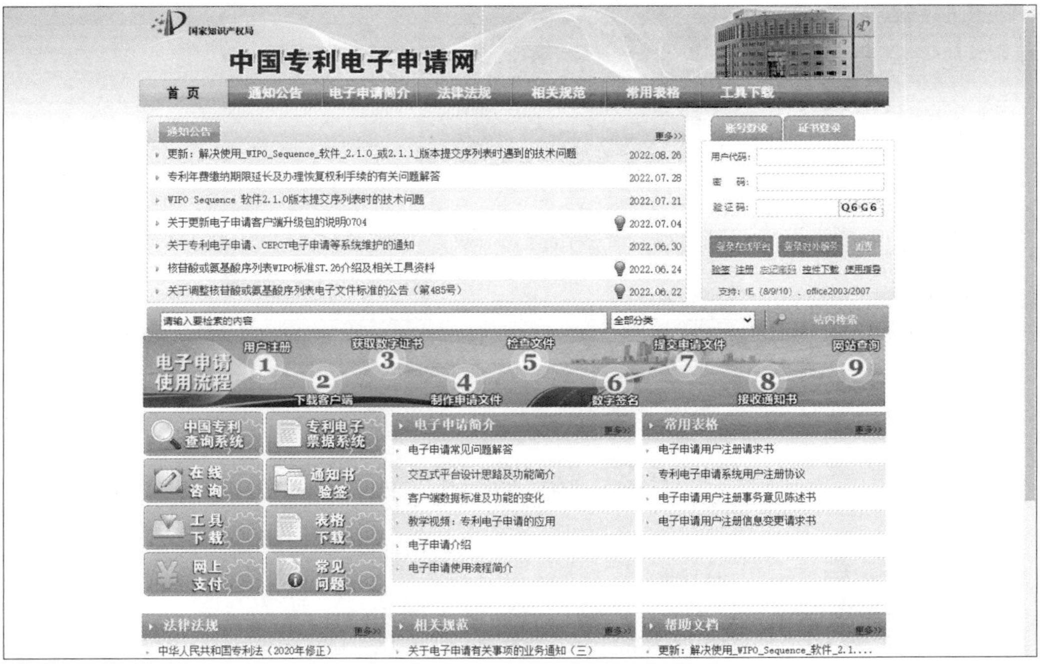

图 4.5　“中国专利电子申请网”页面

4.1.3 中国专利信息网

中国专利信息网收录了 1985 年中国专利法实施以来公开的全部中国发明、实用新型和外观设计专利文献。免费用户可以浏览专利全文说明书的首页，正式用户可以查看并打印、下载发明专利、实用新型专利说明书的全部内容。输入网址http://www.patent.com.cn/打开主页，如图 4.6 所示。该网站是收费的，需要注册并登录以后才可以获得专利检索服务。

图 4.6 中国专利信息网检索主页

4.2 标 准 文 献

4.2.1 概述

标准文献是按照规定程序编制并经过一个公认的权威机构批准的，供在一定范围内使用，包括一整套在特定活动领域必须执行的规格、定额、规划、要求的技术文件。也可以说技术标准、技术规范和技术法规等统称为标准文献。

1．标准的类型

按标准的约束性划分为强制性标准、推荐性标准；按标准的使用范围划分为国际标准、区域标准、国家标准、专业标准、企业标准；按照标准化对象划分为技术标准、管理标准和工作标准；按内容划分为基础标准、产品标准、方法标准等；按技术内容划分为计量单位、符号、术语、尺寸、形式、品种、基本参数、技术要求、试验方法、计算方法、工艺过程、包装标志、运输、保藏等标准。

2．我国技术标准

我国技术标准分为国家标准、行业标准和企业标准三级。技术标准的编号结构：标准代号+标准顺序号+制定或修改年份。代号用两个汉语拼音大写字母表示。

（1）国家标准：是指在全国范围内统一的标准，由国家标准局组织审定并发布，用 GB 表示。国家推荐的标准用 GB/T 表示，国家指导性标准用 GB/Z 表示。如 GB/T 16496—1996，指化学试剂硫酸钾。

（2）行业标准，是指在全国行业范围内统一的标准。用该行业主管部门名称的汉语拼音首字母表示，如机械行业标准用 JB 表示，轻工行业标准用 QB 表示等。如 QB1007－90 是指轻工行业 1990 年颁布的第 1007 项标准。

（3）企业标准，是指由企业制定的标准。一般在国家标准和行业标准尚未颁布或企业为了提高产品质量制定比国家标准和行业标准要求更高的“内控标准”时采用，用 Q 表示，以企业名称的代码为字母表示，在 Q 前冠以省市自治区的简称汉字。如京 Q/JB1－89 是北京机械工业局 1989 年颁布的企业标准。

3．国际标准

国际标准是由国际标准化团体批准或由国际标准组织认可的各种国际专业学会、协会等组织制定的标准，如 ISO 标准、IEC 标准。

ISO 标准的全称是国际标准化组织制定的标准。ISO 是目前世界上最大、最具有权威性的国际标准化专门机构。ISO 负责制定和批准除电工与电子技术领域以外的各种技术标准，分为正式标准（ISO）、推荐性标准（ISO/R）、技术报告（ISO/TR）3 种。其编号的结构：ISO+标准顺序号+制定或修订年份。如 ISO3347:1976，表示 1976 年颁布的第 3347 号标准，内容是有关“木材剪应力测定”的标准。ISO 标准每隔 5 年审定一次。

IEC 的全称是国际电工委员会，是与 ISO 并列的两大国际性标准组织之一，专门负责电工电子技术方面国际标准的制定。其编号的结构：IEC+标准顺序号+制定或修订年份。

4.2.2　中国标准服务网

登录中国标准服务网（网址为 http://www.cssn.net.cn），主页如图 4.7 所示。

在主页中，资源检索提供了标准文献、技术法规、期刊、专著和内容指标 5 种。其中标准文献的检索又分为简单检索、高级检索、专业检索、分类检索和批量检索，如图 4.8 所示。

图 4.7　中国标准服务网主页

图 4.8　标准文献检索页面

4.2.3　中国标准化协会网

登录中国标准化协会网（网址为 http://www.china-cas.org），主页如图 4.9 所示。

图 4.9　中国标准化协会网主页

4.2.4　国际标准化组织网

登录国际标准化组织网（网址为 https://www.iso.org/home.html），主页如图 4.10 所示。

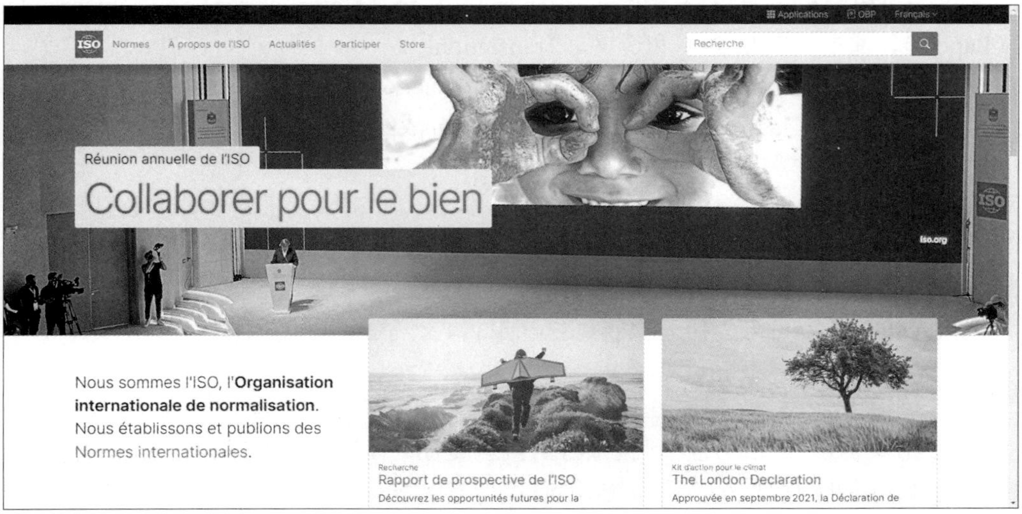

图 4.10　国际标准化组织网主页

4.2.5 标准全文的索取

《中国国家标准汇编》（中国标准出版社出版，中国标准出版社编写组编写）收集了公开发行的全部现行国家标准，是一部大型综合性国家标准全集，是查阅国家标准原文的重要工具。它按国家标准顺序号编排，从 1996 年开始，以精装本陆续分册汇编出版。它在一定程度上反映了新中国成立以来标准化事业发展的基本情况和主要成就，是各级标准化管理机构，工矿企事业单位，农林牧副渔系统，科研、设计、教学等部门必不可少的工具书。

通过 Internet 检索中国标准文献的站点有很多，但一般均不免费提供全文。需要全文的用户，可通过中国标准服务网或国家科技图书文献中心付费获取。

4.3 科 技 报 告

4.3.1 概述

科技报告是报道研究工作和开发调查工作的成果或进展情况的一种文献类型。科技报告传播研究成果的速度较快，注重详细记录科研进展的全过程。科技报告所报道的内容一般必须经过有关主管部门的审核与鉴定，大多数科技报告都与政府的研究活动、国防及尖端科学技术领域有关（指保密度）。

科技报告的撰写者或提出者主要是政府部门、军队系统的科研机构和一部分由军队、政府部门与之签订合同或给予津贴的私人公司、大学等，即所谓“合同户”或资助机构。

科技报告有自身的特点：一是不拘形式，每份报告独立成册，编有序号；二是内容新颖；三是研究内容往往涉及尖端项目和前沿课题，有较强的前瞻性；四是内容翔实专深，既反映成功经验，又有技术失败教训，并附有详尽的数据、图表和事实资料；五是发行范围受到控制，大部分属于保密文献，只有小部分在一定范围内公开或半分开发行，绝大部分要在相当长的一段时期之后才被解密公开。

科技报告按出版形式可以分为报告（Report）、札记（Notes）、备忘录（Memorandum）、论文（Papers）、通报（Bulletin）和译文（Translations）。

科技报告按保密性可以分为以下 3 类：

（1）保密报告（Classifical）。保密报告按内容分成绝密、机密和秘密 3 个级别，只供少数有关人员参阅。

（2）非保密报告（Unclassifical）。非保密报告分为非密限制报告和非密公开报告。

（3）解密报告（Declassfical）。保密报告经一定期限，经审查解密后，成为对外公开发行的文献，即解密报告。

科技报告按其内容可分为研究报告、生产报告、评估报告和技术经济分析报告等。

4.3.2 科技报告的原文索取

在 3.7.5 节中提供了我国几种科技报告的检索途径，读者在需要时自行选择相关的数据库检索即可。对于国外的科技报告，可通过 NTIS 订购号在国内收藏部门索取或通过网络索取，也可直接向 NTIS 订购科技报告的复印件或缩微胶片。

4.4 会议文献

4.4.1 概述

会议文献也称会议资料，是指各种会议上宣读的论文、报告和会前、会后编印的文献资料。科技会议是进行学术交流的一条重要渠道。

会议按规模可以分为国际性会议、全国性会议、地区性会议和基层会议。会议按类型可以分为学术报告会、专题研讨会、经验交流会，如 Conference（会议）、Convention（大会）、Symposium（专业讨论会）、Colloquium（学术研讨会）、Seminar（研究讨论会）、Workshop（专题讨论会）等。

大多数会议文献具有独到的学术见解和新颖的学术观点，学术质量较高。同时，许多会议文献还会公布科研人员取得的新进展与新成果，并提出新的研究课题和新的研究设想。因此，会议文献具有专业性强、学术水平高、内容新颖、信息量大、可靠性强、出版速度快、发行方式灵活等特点。

4.4.2 国内外会议文献检索

（1）《西文科技学术会议录联合目录》：由北京图书馆联合目录编辑组编辑，共收录了全国 94 个图书馆入藏的西文科技学术会议录，目录分为正文和索引两部分，正文按《中国图书资料分类法》类目编排，同类号下按字母顺序排列，索引按会议名称和机构名称排列，是目前国内查找西文科技学术会议录的主要工具。

（2）《中国学术会议文献通报》：是目前国内学术会议文献的主要检索工具，以题录形式比较全面地报道国内各类专业学术会议论文，内容涉及数理化、工业技术、航天及环境科学等，可通过中国科技信息所的联机系统进行检索。

（3）《世界会议》（World Meetings，WM）：由美国世界会议情报中心编辑，主要预告两年内全世界将要召开学术会议的有关消息，包括会议名称、内容、地点、日期、主办机构和提交论文期限等，内容涉及自然科学、工程技术、医学、社会科学等学科。

（4）《会议论文索引》（Conference Proceedings Index，CPI）：由美国世界会议信息中心出版，报道近期国际学术会议论文的有关信息。

（5）《科学会议录索引》（Index to Scientific-Technical Proceedings，ISTP）：由美国信息研究所编辑出版，专门报道会后出版物。

4.5 学位论文

4.5.1 概述

根据国际标准化组织的定义，学位论文是指作者为取得专业资格的学位而撰写的介绍其研究结果的文献。学位论文都有编号，可分为学士论文、硕士论文和博士论文 3 种。学位论文一般不出版，只提供复制品，取得的手续也比较麻烦，不方便利用。1984 年教育部规定，我国所有研究生的论文一律交中国科技情报研究所收藏，并提供中国学位论文的缩微胶片。

学位论文不发行，是非卖品。但也有印制单行本或在期刊上发表摘要的，少数也有全文发表的。如英国《生物化学学报》上大约有 1/3 的文章来源于学位论文。

4.5.2 学位论文检索

学位论文可以通过以下数据库进行检索：

（1）CALIS 高校学位论文库：文献来源于“211 工程”的 61 所重点高校的硕士、博士的学位论文，以合作建设、资源共享为目的，为高校师生提供学位论文的查询、文摘索引的浏览、全文提供等配套服务，网址为 http://opac.calis.edu.cn。

（2）CNKI 中国优秀博硕士论文全文数据库：网址为 http://www.cnki.net。

（3）国家科技图书文献中心的学位论文检索系统：网址为 http://www.nstl.gov.cn。

（4）万方数据中国学位论文文摘数据库：网址为 http://www.wanfangdata.com.cn。

（5）中国国家图书馆论文资源库：网址为 http://www.nlc.cn/dsb_zyyfw/lw/lwzyk/，如图 4.11 所示。

（6）中国科学院博士学位论文文摘（年刊）。

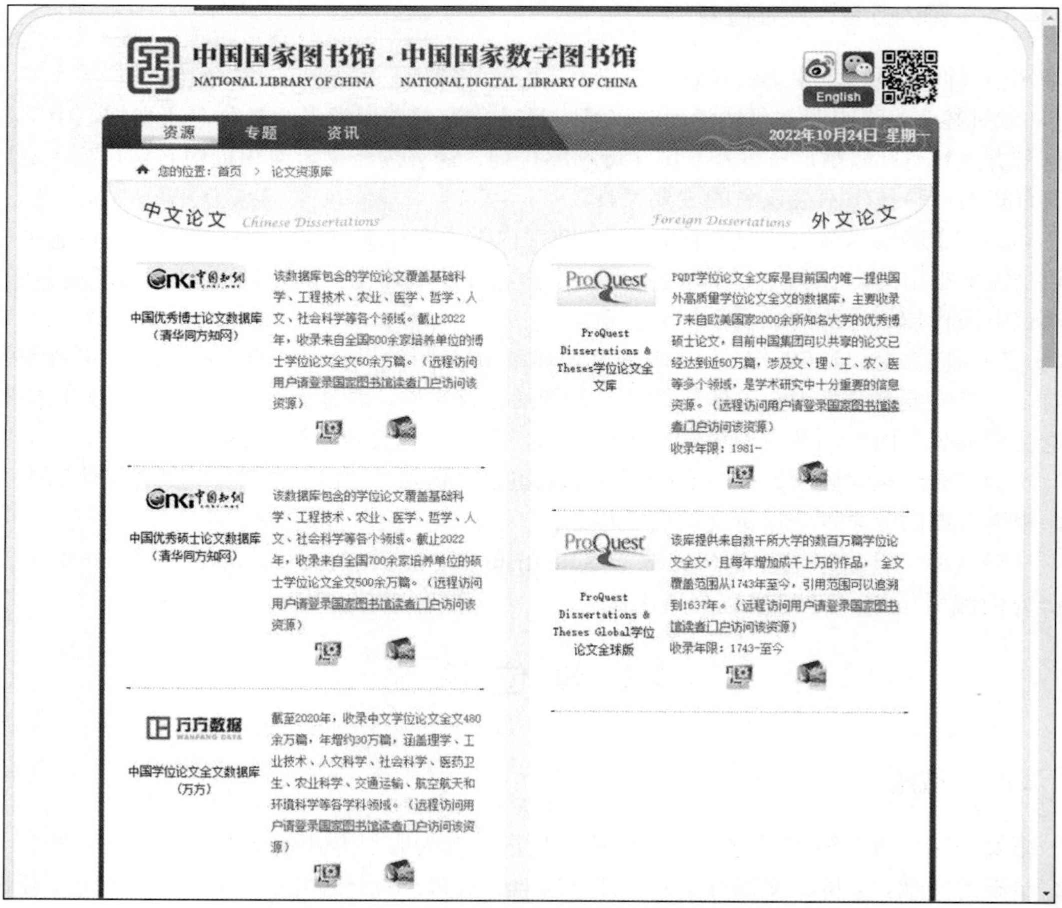

图 4.11 中国国家图书馆论文资源库

4.6 工　具　书

4.6.1　概述

在实际检索中，经常会遇到一些通过查阅相关工具书即可解决的问题。查阅工具书就是进行事实和数据的检索，它也是信息检索的重要方式。

所谓工具书是汇集某一范围的知识文献信息，并按一定的方法编排，供人们检索的事实性和数据性的检索工具，包括各种字典、词典、百科全书、年鉴、手册、指南、名录、书目、文摘、索引等。随着计算机网络技术的发展，传统的工具书也已经网络化，如在线字典、词典，在线翻译，在线地理导航等。

4.6.2　工具书的种类

工具书包含以下 12 种：

（1）目录。目录是对图书、期刊或其他单独出版物特征的揭示和报道，是历史上出现最早的一种检索工具。目录主要用于检索出版物的名称、著者及其出版、收藏单位。常用的目录有国家书目、馆藏目录、专题目录、联合目录、出版发行目录、期刊年终目录（一般期刊的年终最后一期上有全年的目录）等。如《全国总书目》《全国新书目》。

（2）题录。题录是对单篇文献外表特征的揭示和报道，著录项目一般有篇名、著者、文献来源、文种等，项目比较简单、收录范围广、报道速度快、揭示文献内容很浅，因此只能作为临时过渡性检索工具。著名的题录刊物有我国的《全国报刊索引》、美国的《化学题录》《现期期刊目次报道》、英国的《当代工艺索引》等。

（3）文摘。文摘是系统报道、累计和检索文献的主要工具，是二次文献的核心。文摘以单篇文献为报道单位，不仅著录一次文献的外部特征，还著录文献的内容摘要。不看原文，往往便可以决定文献资料的取舍，从而节约查阅原始文献资料的时间。如美国著名的《化学文摘》《工程索引》《科学引文索引》。

（4）索引。索引是揭示各种文献外部特征或内部特征的系统化记载工具。大多数索引不能直接查到原始文献资料。学习检索工具的使用方法主要是学习索引的使用方法。索引分为主题索引、作者索引、分类号索引、期刊索引、卷索引等。前面章节中提到的各种数据库的检索功能就是采用索引的方式进行数据编排的。

（5）字（词）典。字（词）典是收录字、词的出版物，其内容在于注释字、词、科技名词术语、缩略词的形、音、义、全称、用法、不同文种的对译等。科技类的词典主要是学科名词术语或定义的解释或不同文种互译对照。

（6）百科全书。百科全书是人类知识的总汇，是记载人类知识最全面、最系统的大型工具书，对每一学科提供定义、原理、方法、历史及参考书目等。百科全书是典型的三次文献，是由各学科的众多权威和专家撰写的，内容注重全、精、新，收录的知识领域完整、信息充足，数据事实精确可靠，编辑出版权威，资料不断更新，反映时代特色。

百科全书按内容范围可分为综合性百科全书和专科性百科全书；按地域可分为国际性百科全书、国家性百科全书和区域性百科全书；按读者对象可分为少年儿童百科全书、大学生百科全书和其他读者百科全书。

（7）名录。名录是提供有关专名（人名、地名、机构名等）的简要工具书。从名录中查找关于人物生平、机构组织和某一行政区划沿革等信息。名录按收集信息的内容不同可分为人名录、地名录和机构名录，如《百家姓》《中国人物年鉴》《英文姓名译名手册》《二十五史纪传人名索引》《国际名人录》《世界地名录》《中国政府机构名录》《世界工商企业大全》，还有行政区划网等。

（8）年鉴。年鉴是收录某年内发生的事情和其他动向性问题的年度性出版物，其内容包含年内的各类事实、数据、统计资料、图表、图片及近期发展动向等。年鉴按其收录内容可分为综合性年鉴和专科性年鉴；按其收录的地域范围不同分为地区性年鉴、国际性年鉴和世界性年鉴，如《中国百科年鉴》《中国年鉴》《中国统计年鉴》等。

（9）手册。手册有手头常用书的含义。它是汇集某一方面经常需要查考的文献资料，以供读者随时翻检的一种工具书。其内容通常是简明扼要地概述某一专业或某一方面的基本知识以及一些公式、数据、规章、条例等，以各种数据和图表为主，只附简要的文字说明，如《化学手册》《化学品安全管理手册》《化学事故的防护与救援》等。

（10）指南。指南是某学科领域主要图书、期刊及其他类型文献的状况及检索方法，介绍各有关检索工具的使用方法。这种指南性读物对于要着手进行检索的人来说，能提供文献检索策略的参考，启发检索思路，提高文献检索的水平。

（11）述评。述评是以综述或专题形式反映科技动态和水平并加以评论的文献。

（12）简报。简报是根据实际需要精选出来并加以编辑出版的一种文献报道形式，是介于文摘与题录之间，起补偿作用的一种形式。通过阅读简报了解有关文献的主要内容能节约不少时间，是一种辅助性检索工具。

4.7 技术档案

技术档案是指具体工程建设及科学技术部门在技术活动中形成的技术文件、图纸、图片、原始技术记录等资料。技术档案是生产建设和科学研究工作中用以积累经验、吸取教训和提高质量的重要文献，现在各单位都相当重视技术档案的立案和管理工作。技术档案大多数由各系统、各单位分散收藏，一般具有保密和内部使用的特点。

4.8 产品资料

产品资料包括产品样本和产品说明书。产品样本是国内外生产厂商或经销商为推销产品而印发的企业出版物，用来介绍产品的品种、特点、性能、结构、原理、用途、维修方法和价格等。查阅、分析产品样本，有助于了解产品的水平、现状和发展动向，获得有关设计、制造、使用中所需要的数据和方法，对于产品的选购、设计、制造、使用等都有较大的参考价值。由于产品不断更新，产品样本也容易过时。产品说明书（也称说明手册）是科研、设计部门或厂商用来说明产品的性能和使用方法的技术资料，一般每种产品一册。它的内容比产品样本详细和具体，大体包括产品的性能、规格、用途、结构（电路）、工作原理、操作使用方法、安装维修方法、零件部件目录等，并附有产品的图形照片以及必要的技术数据。

全世界每年出版的产品资料约有几十万件。为了便于查找和掌握产品的发展动向，各国都出版有检索工具。有关内容可通过制造厂商的产品网站获得。

4.9　国内其他科技信息网站

1. 中国科学技术信息研究所

登录网址 http://www.istic.ac.cn/进入主页，如图 4.12 所示。

图 4.12　中国科学技术信息研究所主页

2. 中国科技网

登录网址 http://www.stdaily.com/进入主页，如图 4.13 和图 4.14 所示。

图 4.13　中国科技网主页上半区

图 4.14　中国科技网主页下半区

3. 中华人民共和国科学技术部

登录网址 http://www.most.gov.cn 进入主页，如图 4.15 所示。

图 4.15　中华人民共和国科学技术部主页

4. 科技创新网

科技创新网是一个非营利的信息网络，创建于 2001 年，是国家经贸委技术进步与装备司主办、国家经贸委经济信息中心和全国新技术开发推广协会共同协办的科技网站，旨在提高企业的技术创新能力和市场竞争能力，加强企业、高校、研究院所在高新技术、高新科研成果等方面的信息交流和合作。

登录网址 http://www.kjcx.ac.cn/进入主页，如图 4.16 所示。

图 4.16　科技创新网主页

5. 中国农业科技信息网

登录网址 http://www.cast.net.cn/进入主页，如图 4.17 所示。

图 4.17　中国农业科技信息网主页

习　题

1．检索一篇 2022 年关于教育行业方面的专利信息。
2．检索 2022 年最新的原子能方面的科技信息。
3．检索 2022 年最新的我国标准和国际标准。
4．检索 2022 年我国的科技报告，不少于 5 篇。
5．到学校图书馆查找与专业有关的工具书，不少于 5 本。

第 5 章　毕业论文写作及其检索

5.1　论 文 选 题

5.1.1　选题的原则

一般情况下论文选题的要求是限定在专业范围内，尽可能地选择具有一定探索性和创新性的课题，尽可能地结合自己的工作，选择实践当中亟待解决的问题，选题要考虑到论文所要求的理论性和深刻性，选题宜小不宜大，要确保自己能够在规定时间内按要求完成，切记要避免选择内容空洞、大而无当的问题。通常论文的选题要遵循以下原则：

（1）价值性原则。选题必须是有意义、有价值的，即社会和科学理论都可以从研究中得到收益；从国情出发，以我国政治、经济、文化的传统和现实为出发点考察问题；应该考虑培养研究者工作能力的需要，有利于科研水平的提高。

（2）科学性原则。论文选题虽然要有所创新，但是不能违背科学性，透过现象看本质，避免“不是问题的问题”；遵循事物的发展规律和人事发展规律，选取研究对象要坚持先个别后一般、先分析后综合，选题尽量小而精；克服猎奇和情感偏见，敢于质疑，但不能吹毛求疵；选题最优化，讲求效益。有计划指导时，要注意发挥个人特长；自由选题时，要注意社会效益，保证研究价值。选题分析示例 1 如表 5.1 所示。

表 5.1　选题分析示例 1

语文教学应用研究
小学语文教学应用研究
小学语文长文章阅读教学的应用研究
思维导图在小学语文长文章阅读教学中的应用研究

（3）创新性原则。选题的创新性主要体现为 3 个方面：理论创新、应用创新和方法创新。理论创新指的是提出新观点，构建新体系，贡献新智慧；应用创新指的是解释新问题，揭示新规律，提出新策略；方法创新指的是使用新方法，发现新问题，构建新体系。

（4）可行性原则。论文选题一定要有可行性，它是能够完成一项研究成果的保障。从主观因素来说，选题时要考虑自己的专业能力、科研经验。从客观因素来说，要考虑选题的时间、需要的设备、经费等。选题分析示例 2 如表 5.2 所示。

表 5.2　选题分析示例 2

广州市开发区	外地务工人员子女的		家庭教育研究
农村/城市	中小学校长	领导力	提升策略研究
③限制研究范围	②锁定研究对象	①确定研究内容	④细化研究内容

5.1.2 选题的途径

论文选题常见的途径有以下 5 种：

（1）从自己熟悉的社会实践中去寻找。从自身经验和认识中提取有价值的研究主题，必须抛开固有成见，时刻保持一颗好奇心，带着“疑问”去看待周围的一切事和物。什么叫问题？问题就是事物的矛盾。哪里有没有解决的矛盾，哪里就有问题。例如针对手机在课堂/学校的应用这一选题形成的论文如图 5.1 所示。

2022.2 中国电化教育 总第421期

Big Thinking & Grand Strategy
大思想 大战略

文章编号:1006—9860(2022)02—0001—007

不让未成年人成为“被手机耽误的一代”

——未成年人手机沉迷问题分析与教育干预

秦玉友，王玉姣

(东北师范大学 中国农村教育发展研究院，吉林 长春 130024)

摘要：手机沉迷是当今社会一个影响未成年人健康成长的世界性难题。未成年人手机沉迷表现出手机游戏成瘾、手机视频迷恋、手机社交依赖和手机学习异化等多重问题。这些问题严重影响着未成年人的健康发展。长时间沉迷手机不利于未成年人身体健康发展，导致身体机能下降；过度化沉迷手机不利于未成年人心理健康发展，诱发心理疾病；捷径化使用手机影响未成年人的学习能力与积极学习体验，弱化学习力；无序性沉迷手机增加未成年人接触不良信息与不良人群的机会，引发失范行为。为更好地防控未成年人手机沉迷，需要从严控未成年人手机“触网”的年龄、空间和时间红线入手，保障未成年人手机使用时长合理化，推进未成年人手机接收内容分类化，指导未成年人手机“触网”行为适度化。通过合理有效的教育干预，引导未成年人理性使用手机，防止未成年人成为“被手机耽误的一代”。

关键词：未成年人；手机沉迷；健康发展；教育干预；“触网”红线

中图分类号：G434 **文献标识码：**A

图 5.1 手机在课堂/学校的应用论文

（2）从文献资料中去寻找学科领域的空缺处和空白处。在阅读和研究大量文献的基础上，我们可以很好地继承和发展前人的成果，丰富自身的科学知识，这不但可以使我们从中获得启迪、发现问题并且找到我们所需要的课题，还可以在深刻理解资料中的问题的基础上，发现并且选取别人还没有研究过的课题。通常论文的总结处会有对未来的展望和研究缺陷，以吴鑫在 2018 年公开发表的《小学创客教育初级人工智能作品的设计——以开源机器人“小菠萝”存钱罐作品为例》，作者在论文的结尾指出了人工智能所产生的伦理道德等社会问题很有可能成为下一阶段的研究目标。其论文的结尾如图 5.2 所示。

（3）从自己感兴趣的课程中去寻找。不少高校在布置毕业论文的时候都要求学生要在教师的指导下，根据所学专业的要求选定论文的题目，绝大部分学生对自己所学的课程知识比较熟悉，对专业的历史演变、研究现状、学科问题，以及某些亟待解决的问题都有着比较深刻的了解，只要我们在学习中肯动脑筋，就可以发现问题和提出问题。

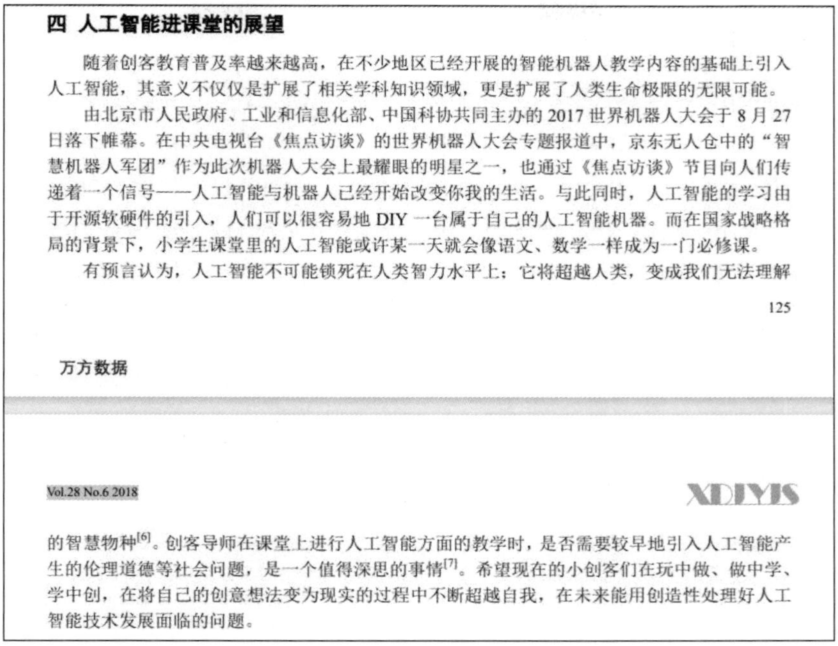

四　人工智能进课堂的展望

随着创客教育普及率越来越高，在不少地区已经开展的智能机器人教学内容的基础上引入人工智能，其意义不仅仅是扩展了相关学科知识领域，更是扩展了人类生命极限的无限可能。

由北京市人民政府、工业和信息化部、中国科协共同主办的 2017 世界机器人大会于 8 月 27 日落下帷幕。在中央电视台《焦点访谈》的世界机器人大会专题报道中，京东无人仓中的“智慧机器人军团”作为此次机器人大会上最耀眼的明星之一，也通过《焦点访谈》节目向人们传递着一个信号——人工智能与机器人已经开始改变你我的生活。与此同时，人工智能的学习由于开源软硬件的引入，人们可以很容易地 DIY 一台属于自己的人工智能机器。而在国家战略格局的背景下，小学生课堂里的人工智能或许某一天就会像语文、数学一样成为一门必修课。

有预言认为，人工智能不可能锁死在人类智力水平上：它将超越人类，变成我们无法理解

125

万方数据

Vol.28 No.6 2018　　XDJYJS

的智慧物种[6]。创客导师在课堂上进行人工智能方面的教学时，是否需要较早地引入人工智能产生的伦理道德等社会问题，是一个值得深思的事情[7]。希望现在的小创客们在玩中做、做中学、学中创，在将自己的创意想法变为现实的过程中不断超越自我，在未来能用创造性处理好人工智能技术发展面临的问题。

图 5.2　论文结尾示例

（4）在学科领域或者人们比较关注的热点问题上进行选题。在学科领域中，无论是哪一门类、哪一学科，都有一些讨论的热点，随着社会的发展、人们观点的变化和知识水平的提高，许多以前已经有定论的问题又会引起人们的兴趣和争论，选择有争议的问题便于发表自己的主张，提出自己的观点，从批评别人的观点入手，逐渐引申发展，深化自己的思维，达到完善自己观点的目的。

选取此类课题的有利因素主要有：一是普遍被众人所关注，作者本人也容易激发出兴趣；二是热门问题容易在新闻媒介上获取文字、数据和音像资料；三是作者可在实地调查中获得第一手资料，但是在写作的过程中，这类问题要避免罗列现象，要注意运用理性分析去探索问题深层次的原因，并从中得出带有前瞻性的结论。

（5）选择综合性、交叉性的课题。知识信息时代的到来使得人们的知识体系呈现出较大的分化，传统学科的鸿沟逐渐被打破。科学研究证明，各种学科的知识正在互相渗透、互相交叉和分化，在学科与学科的交叉地带实现了你中有我、我中有你，不断涌现出新的学科门类，开拓了广阔的研究领域，这就要求我们要善于留心选择某些学科交叉的新课题，这些新课题往往容易从各学科的不同特点入手，在分析和综合中发现问题，探讨出具有价值的规律来。选择这种交叉性学科中的局部小课题，既有实际的社会应用价值，又能提高自己的综合研究能力。综合性、交叉性的课题示例如表 5.3 所示。

表 5.3　综合性、交叉性的课题示例

从韩国高中“人工智能数学”课程看高中数学课程与人工智能教育的衔接
整合视野下信息技术与语文教学深度融合的实践探索
新媒体时代信息技术对大学英语教育的影响研究
“互联网+”背景下高校智慧型体育场馆建设研究

5.1.3 拟定题目

题目是论文的重要组成部分，它极为引人注目，直接影响论文的质量，因此要重视拟定题目。文章体裁、内容和形式不同，拟定题目的方法也不同。常用的方法是题目直接点出主题或文章的主要内容；有的题目用象征和比喻的方法揭示主题；有的标题不直接点出主题，而是提出题材范围。但无论哪类论文的题目都应是对全文内容最鲜明、最精炼的概括，应给读者留下深刻印象。所以题目的拟定应考虑以下几点：

（1）题目要准确。应保证题目与内容相符，也就是说题目要能准确地反映论文所研究探讨的内容。示例如图 5.3 所示。

大中小学劳动教育实施现状的调查研究

王飞　徐继存

山东师范大学教育学部

摘要： 对我国东中西部六省的调研发现,逾半数学校开展了一定形式的劳动教育活动。其中日常生活劳动最为普遍,生产劳动次之,服务性劳动比例最低。劳动教育的开展对提升学生的劳动观念、技能和兴趣起到了一定的促进作用,但由于缺乏系统性设计导致劳动主题和内容的联通性、层次性、创新性不足,影响了劳动教育提升学生劳动素养的效力。劳动教育有效实施的根本路径在于建构基于劳动核心素养的劳动课程体系,基于劳动课程体系系统性设计各学段劳动的内容和方式,并通过培养专任师资、创建劳动实践基地、创设良好舆论氛围等为其开展提供全方位保障。

关键词： 劳动教育; 生产劳动; 日常生活劳动; 服务性劳动;

基金资助： 教育部教材局委托项目“新时代劳动教育途径和方式研究”（20190322）;

图 5.3　论文题目示例 1

（2）题目要简洁。简洁就是简练、干净、高度概括。简洁明了的题目会使人一目了然，马上知道作者所要阐述的问题。一般论文题目不应超过 20 个字，如果字数少交代不清，应使用副标题加以限制说明。示例如图 5.4 所示。

Vol.28 No.6 2018　　XDJYJS

小学创客教育初级人工智能作品的设计*

——以开源机器人“小菠萝”存钱罐作品为例

吴　鑫

（武汉市光谷第一小学，湖北武汉 430074）

摘要： 文章以开源机器人“小菠萝”存钱罐作品为例，提出了利用创客教育课程体系下的 Scratch 编程，制作具有人机交互功能的智能机器人，以趣味性、整合性和创造性三原则开设创课，从而在小学阶段探索出人工智能领域寓教于乐的创客教学策略。

关键词： 创客教育；人工智能；开源机器人；Scratch 编程；STEAM

【中图分类号】G40-057【文献标识码】A【论文编号】1009—8097（2018）06—0122—05【DOI】10.3969/j.issn.1009-8097.2018.06.018

图 5.4　论文题目示例 2

（3）题目要新颖。新颖包含两层意思：一是指随着教育的发展，注意捕捉他人未发现的问题，总结他人未总结过的经验，尽量做到人无我有、人有我新；二是指在大家讨论的原有问题之外，提出新的问题，或选择新的角度，或有新的立意。如冯建军、吴重涵等人在 2022 年发表在《教育研究》上的论文，示例如图 5.5 和图 5.6 所示。

道德教育:如何面对陌生人

冯建军

教育部人文社会科学重点研究基地南京师范大学道德教育研究所

摘要： 中国社会正处于从熟人社会向陌生人社会的转型之中，市场经济、城市化、全球化和互联网的广泛应用推动着陌生人社会的到来。转型时期，新旧两种道德体系混合并存，引发了现代社会道德的双重困境，表现为公共生活的私人化、道德冷漠、信任危机和公共性的丧失。现代社会是一个由陌生人构成的社会，我们必须学会与陌生人一起生活，消除现代社会的道德危机，建立一种陌生人间的新型道德关系，建设一个具有人情味的文明社会。道德教育要引导人以道德的态度对待陌生人，改变对陌生人的无视和排斥，把陌生人作为他者尊重，建立与陌生人的契约信任关系，以开放的自我，增进与陌生人的信任型交往，实现与陌生人的共生共益，从而与陌生人团结而合作地生活在一起。为此，须加强法治教育、诚信教育和共生体主义教育，树立一种新的利己主义和利他主义。

关键词： 熟人社会; 陌生人社会; 道德; 道德教育;

基金资助： 国家社会科学基金2020年度一般项目“公民道德建设的学校实施机制”（项目编号:20BZX124）的研究成果;

图 5.5　论文题目示例 3

现代家庭教育：原型与变迁

吴重涵[1]　张俊[2]　刘莎莎[3]

1. 江西师范大学教育学院　2. 首都师范大学教育学院　3. 江西省教育评估监测研究院办公室

摘要： 现代家庭教育是在现代家庭制度中，影响儿童发展的环境和社会交往活动，是历史和社会建构的产物。从教育原型看，家庭教育的本质是一种比学校教育更接近教育原型的教育类型。从与学校教育关系看，家庭教育经历了从教育作用与社会成员资格认可制度合一，到整体教育向单一的现代学校让渡，再走向家庭的教育作用与学校的社会认可，以及家庭对教育代理权逐步收回的矛盾过程和趋势；生活教育与系统知识教育分别成为家庭教育和学校教育的两条主线并出现了融合的趋势。从与现代家庭的关系来看，家庭教育是一个自我教育、教养和教育统一的过程；家庭在儿童发展过程中，起着宏观的社会经济文化结构与变化和儿童的生命历程之间的中介性制度作用；儿童接受现代家庭生活不同形式的影响，并接受父母对其整体教育和社会经历的期望、规划和安排。现代家庭教育呈现一种家庭作为特殊社会组织的影响、家庭生活和父母教养组成的嵌套结构，家庭教育的新的概念体系由此演绎。

关键词： 家庭教育; 教育原型; 生活教育; 学校教育; 家庭制度;

基金资助： 国家社会科学基金2018年度教育学重点课题“家校合作的国际经验与本土化实践研究”（课题批准号：AHA180014）的研究成果;

图 5.6　论文题目示例 4

（4）题目要具体。论文的题目一般不宜过大，大的题目不容易集中论述，致使论文内容显得肤浅、空泛，没有一定的深度和广度。尤其初写论文时，更应选择一些小的题目，以自己的实践为基础，使论文的论点更明确，内容更集中，论述更深刻。

总之，论文的题目往往是对文章内容的高度概括，是文章精髓的集中体现。因此，写论文之前一定要反复斟酌。拟定论文题目时要注意从小处着手，力求做到以最准确、最简洁的语言来阐述自己的新观点，总结自己的新经验。

5.2　资料收集

5.2.1　文献资料收集方法

收集文献资料常见的方法有 4 种：顺查法、逆查法、引文查法、综合查找法。

（1）顺查法。顺差法是指按时间范围，以所检索主题研究的发生时间为检索始点，按事件发生、发展时序，由远及近、由旧到新的顺序查找，一般可以查全。查时可以随时比较、筛选，查出的结果基本上可反映事物发展的全貌。

（2）逆查法。逆查法又称倒查法，与顺查法正好相反，是由近及远、由新到旧的顺序查找。这种方法多用于新文献的搜集、新主题的研究，而这种主题大都是需要最近一个时期的较多论文、专著，不太关注历史渊源和全面系统，易漏检。

（3）引文查法。引文查法又称跟踪法，是以已掌握的文献中所列的引用文献、附录的参考文献作为线索，查找有关主题的文献。优点与缺点都比较鲜明。优点是文献涉及范围比较集中、获取文献资料方便迅速，并可不断扩大线索。这种回溯过程往往会找出有关研究领域中重要的、丰富的原始资料。缺点是查得的文献资料受原作者引用资料的局限性及主观随意性影响，资料往往比较杂乱，因此要注意文献的可靠性。

（4）综合查找法。综合查找法是指将以上几种方法综合使用以快速查到文献的一种方法。

5.2.2 文献资料选用技巧

（1）选择文献避免脱离论文的主题。文献选择必须紧绕主题，为表现和论证主题服务。凡是能有力地说明、突出、烘托主题的就选用，否则就舍弃，这是选择文献的一个基本原则。有些论文在运用文献时常犯不忍割爱的毛病，将一些与主题无关的文献写进文章里，文献与主题脱节，影响主题的表达，甚至有些论文只是为了体现论文文献的新颖性，直接使用了与论文主题无关的最新文献，这不但没能体现论文的文献新颖性，反而使内容累赘、多余。

（2）选择文献避免不够典型。所谓典型文献，是指那些最有特征、最有代表性，能有力地揭示事物的本质，能集中地表现论文主题的文献。围绕主题选材，不可能把与主题有关的文献都写进去，必须精选典型文献。对于十分经典的文献，要考虑是否过旧，过旧的文献或者广为人知的文献应该简要概述。太旧或者已广为人知的文献虽然能论证我们的主题，但是却让文章的内容显得不够新颖。

（3）选择的文献避免不够真实。论文中用的文献只有真实才有力量。所谓真实，是指文献确是客观存在的，能反映客观事物的本来面貌。论文中所运用的文献真实，论点才站得住脚，才有说服力。而有些论文选材不准，没有鉴别真伪，引用的历史人物、事件、时间、地点、数字、引文等没有认真核对，出现误差，这样的文章不能叫人信服。这里也有需要特别注意的一点，那便是在引用文献的时候我们要细心核查文献内容，做到每个细节都不出错，对于数字的摘写要绝对准确，不能因为自己的疏忽而导致原本准确无误的真实文献变成了错误文献或者非真实文献。

（4）选择文献避免不新颖。撰写论文，选择文献要新颖。新颖，就是新鲜、引人注目。写文章选择新颖的文献，能增强论文的现实性，使人耳目一新。这就要求在写论文时，要注意发现新生事物，选择这方面的文献。要写别人没有写过或很少写到的人和事。要从不同的角度选材，给人新鲜的感觉，要注意选择新出现的、有特色的文献。有的论文选择不新颖，而是用一些过时的陈旧的事例，看上去是老面孔、老腔调，摆出的文献是“陈年烂谷子”，没有新鲜感和现实性，文章就显得没有说服力。如有一篇关于农村改革的文章，写作时间是2015年，文中运用的数字事例都是2010年的，显然是调查不到位，用了一些过时的数字。但是，这并不意味着为了新颖的文献便能牺牲论文本身要论述的主题，即不可为了新颖而使用与论文主题无关或者关系不大的文献，否则论证只会本末倒置，得不偿失。

（5）选择文献要避免与主题关系不大。论文中的文献是用来阐明文章的中心思想的。什么文献可以用，什么文献不能用，都要根据论文的中心论点来决定。中心论点一经确定之后，就成了统帅一切的东西。文献必须服从于中心论点的统帅。不能把一些与主题关系不大的文献搬来牵强附会，也不能将所有文献统统塞进论文，这样会使论文臃肿庞杂，中心不突出。这里面有一个剪裁的功夫，在文献剪裁时，与主题有关的文献要详写，无关的文献不要写；主要文献要详写，次要的文献要略写；典型的精彩文献要详写，其他的则略写。有的论文，选用文献贪多求全，不分主次，胡子眉毛一把抓，把一些与论点无关的文献都用上。有的论文中的小论点和用以说明的文献不一致，这样虽然扩大了论文的篇幅，但逻辑上不严密，说服力不强。

（6）表达文献的语言避免不精准。一篇优秀的论文，不仅观点要正确，文献要新鲜，而且语言也必须准确、流畅、精当。在表达上，虽然论文的撰写没有像小说或者散文那样，对文字要求非常高，但是在撰写的时候也要符合论文的特点，要严谨，不能出现细节上的表达错误。

5.2.3　文献综述

文献综述是在确定了选题后，在对选题所涉及的研究领域的文献进行广泛阅读和理解的基础上，对该研究领域的研究现状（包括主要学术观点、前人研究成果和研究水平、争论焦点、存在的问题及可能的原因等）、新水平、新动态、新技术和新发现、发展前景等内容进行综合分析、归纳整理和评论，并提出自己的见解和研究思路而写成的一种不同于毕业论文的文体。它要求作者既要对所查阅资料的主要观点进行综合整理、陈述，还要根据自己的理解和认识，对综合整理后的文献进行比较专门的、全面的、深入的、系统的论述和相应的评价，而不仅仅是相关领域学术研究的“堆砌”。

检索和阅读文献是撰写综述的重要前提工作。一篇综述的质量如何，很大程度上取决于作者对本主题相关的最新文献的掌握程度。如果没有做好文献检索和阅读工作就去撰写综述，是绝不会写出高水平的综述的。

好的文献综述，不但可以为下一步的学位论文写作奠定一个坚实的理论基础和提供某种延伸的契机，而且能表明写本综述的作者对既有研究文献的归纳分析和梳理整合的综合能力，从而有助于提高对学位论文水平的总体评价。

在《怎样做文献综述——六步走向成功》中，劳伦斯·马奇和布伦达·麦克伊沃提出了文献综述的六步模型，将文献综述的过程分为六步：选择主题、文献搜索、展开论证、文献研究、文献批评和综述撰写。

文献综述根据研究的目的不同，可分为基本文献综述和高级文献综述两种。基本文献综述是对有关研究课题的现有知识进行总结和评价，以陈述现有知识的状况；高级文献综述是在选择研究方向和主题之后，对相关文献进行回顾，确立研究论题，再提出进一步的研究，从而建立一个研究项目。

5.3　研究方法

5.3.1　问卷调查

问卷调查是目前调查业中广泛采用的调查方式，即由调查机构根据调查目的设计各类调查问卷，然后采取抽样的方式（随机抽样或整群抽样）确定调查样本，通过调查员对样本的访问完成事先设计的调查项目，最后由统计分析得出调查结果的一种方式。它严格遵循的是概率与统计原理，因而问卷调查这一方式具有较强的科学性，同时也便于操作。对调查结果的影响，除了样本选择、调查员素质、统计手段等因素外，问卷设计水平是前提条件。问卷一般由开头、正文和结尾 3 个部分组成。目前，广泛应用于问卷调查的线上工具是问卷星（https://www.wjx.cn/）。

1. 问卷的开头

问卷的开头主要包括问候语、填表说明和问卷编号。问候语应亲切、诚恳、有礼貌，并说明调查目的、调查者身份、保密原则和奖励措施，以消除被调查者的疑虑，激发他们的参与意识。

2. 问卷的正文

（1）搜集资料部分：是问卷的主体，也是使用问卷的目的所在，其内容主要包括调查所要了解的问题和备选答案。显然，这部分内容是问卷设计的重点。

（2）调查者的有关背景资料：也是问卷正文的重要内容之一。被调查者往往对这部分问题比较敏感，但这些问题与研究目的密切相关，必不可少，如个人的年龄、性别、文化程度、职业、职务、收入等，家庭的类型、人口数、经济情况等，单位的性质、规模、行业、所在地等，具体内容要依据调查者先期的分析设计而定。

3. 问卷的结尾

问卷的结尾可以设置开放题，征询被调查者的意见、感受，或是记录调查情况，也可以是感谢语以及其他补充说明。

5.3.2 实验研究

实验研究法是科学实践研究的一种特殊形式，其依据现有的科学理论和实践的需要提出设计，利用科学仪器和设备，在自然条件下，通过有目的、有步骤的操纵，根据观察、记录、测定与此相伴随的现象的变化来确定条件与现象之间的因果关系的活动，主要目的在于说明各种自变量与因变量、干扰变量的关系。

自变量：指由实验者设计安排，人为操纵控制的，有计划地变化的实验情境或条件变量。

因变量：随着自变量变化而变化，是实验者需要观察、测量、计算的变化因素。

干扰变量：除了自变量之外，还有一些影响因变量的干扰因素，它使实验者无法对所得结果做出正确的判断和解释，是实验研究中应尽量排除的因素。

实验研究的模式可以分为以下 3 种：

（1）单组实验：指同一个试验变量只对同一个（或组）实验对象施加作用，然后测定对象产生的变化，以确定实验变量的效果如何。

（2）等组实验：以两个或两个以上条件相同的实验组为实验对象，使之分别接受不同实验因素的作用，然后对各个实验因素所产生的效果进行测量和比较。

（3）轮组实验：把各个实验因素轮换作用于各个实验组，然后根据各个实验因素作用所引起的变化总和来决定实验结果。

5.3.3 访谈法

访谈法是通过与研究对象交谈收集所需资料的一种研究方法，适合对事物进行深入研究。

与日常对话相比，访谈法具有明确的目的性和操作步骤。访谈可面对面进行，也可通过电话进行；既可个别进行，亦可群体进行。按结构的差异特点访谈可分为以下 3 类：

（1）封闭型访谈。研究者对访谈的走向和步骤起主导作用，按照自己事先设计好的，具有固定结构的统一问卷进行访谈。

（2）开放型访谈。没有固定的访谈问题，研究者鼓励受访者用自己的语言表达自己的看法。这种访谈在田野考察的初期使用得较多。

（3）半开放型访谈。研究者对访谈的结构有一定的控制作用，同时允许受访者积极参与。这种访谈在教育研究的田野考察中使用得比较多。研究者事先备有一个粗线条的访谈提纲，据研究设计对受访者提出问题，并依具体情况对访谈的程序和内容进行灵活调整。

在进行研究的时候具体采用哪种访谈结构要视研究的问题以及需要访谈的内容和研究时的具体条件而定。一般而言，教育类的访谈调查多为半开放型访谈。赵文静在《汉语国际教育硕士实习中的教学反思能力研究——以江西高校为例》学位论文中的访谈附录如图 5.7 所示。

访谈附录

汉硕实习教师教学反思现状情况访谈提纲：

1. 您认为教学反思是一种什么样的活动？
2. 您认为教学反思重要吗？有了解反思相关的理论吗？
3. 您觉得教学反思有必要纳入汉语国际教育硕士培养课程吗？
4. 您在教育实习期间，会进行教学反思吗？多久一次？
5. 您进行教学反思的内容是什么？
6. 您认为什么样的外在环境或者内在动力会让您乐于反思？
7. 您在教育实习期间，主要倾向于哪种教学反思方式，为什么？
8. 您是否会对教学反思记录进行回顾？多久一次？
9. 您所在学校会组织集体反思活动吗？您觉得效果如何？
10. 您对提升教师教学反思能力有什么好的建议？

图 5.7　访谈附录示例

李杜在《教育信息化 2.0 时代师范生 TPACK 能力培养研究——以“教育技术应用”课程为例》学位论文中的访谈提纲如图 5.8 所示。

附录八：《教育技术应用》课程教学实施后对师范生的访谈提纲

你好！感谢你参加本次访谈，本次访谈旨在了解你对本课程教学中学习活动设计的满意度和需要完善课程的建议，为之后的课程完善提供依据。你的参与对我们的研究非常重要。访谈不会涉及你的隐私问题，所有数据只为研究所用，你的答案将完全保密。感谢你对本次研究的支持，谢谢！

1.学习完本课程后，你有什么收获？（请围绕技术学习（TK）、教学法学习（PK）、学科知识学习（CK）及其整合，即技术支持的教学法知识（TPK）、技术支持的学科知识（TCK）及技术支持的学科教学知识（TPACK）等方面来谈）。

2.你是否对本课程学习活动感到满意，你希望以后的《教育技术应用》课程也按照这种方式上课吗？

3.你对于本课程的改进有什么建议或意见？请详细说明。

图 5.8　访谈提纲示例 1

卢静在《小学数学游戏教学的现状及提升策略研究》学位论文中的教师访谈提纲如图 5.9 所示。

教师访谈提纲

访谈时间：__________ 访谈地点：__________

一、基本信息

1. 教师性别：A、男 B、女

2. 任教年级：__________

3. 您的教龄：__________

4. 您的学历：__________

二、访谈题目

1、您怎么看待在数学教学中运用游戏教学法？

2、您认为数学游戏教学有哪些作用？可举例说明

3、您最喜欢使用什么类型的数学游戏进行课堂教学，为什么？

4、您经常在哪个数学模块（数与代数、图形与几何、统计与概率、综合与实践）使用游戏教学，为什么？

5、您经常在哪个教学环节使用游戏教学，为什么？

6、学生数学课上对游戏教学的反应是怎样的？

7、在实施游戏教学时，您是如何维持班内秩序的？

8、您在进行数学游戏教学时学生的参与度如何？您认为哪些因素会影响到学生的参与度？

9、您使用游戏教学时，是否出现学生过于关注游戏过程，而忽略学习内容?如果出现这种情况，您通常怎么处理？

10、结合您的教学经验，您在数学游戏教学过程中遇到过哪些问题？您是怎样处理的？

11、在数学游戏教学中您是否会对学生进行评价？如果有您评价时主要关注哪些方面？

12、站在一线教师的角度上来看，您觉得的数学游戏教学存在什么样的困难？

图 5.9 访谈提纲示例 2

5.3.4 观察法

观察法指研究者按照一定的计划，为实现一定的研究目标，对研究对象进行系统、全面的观察，从中收集各种现象资料，并进行分析研究的方法。

1. 观察法分类

（1）实验室观察：是通过摄像机、显微镜和录音设备等实验观测仪器，在实验室或受控环境中对研究对象进行观察的过程，常用于自然科学研究。

（2）实地观察：是在自然环境下对正在发生的事情进行观看、倾听和感受的活动，在自然科学和社会科学领域都有广泛应用。

2. 观察法的使用注意事项

（1）制订观察计划，尽量形成文字方案。

（2）持客观公正的立场，不能凭个人好恶。

（3）看到事物的各个方面，不能片面和简单化。

（4）认真仔细，不能浅尝辄止。

（5）随时记录，尽量详细，保持原汁原味。

5.3.5 行动研究法

行动研究法是由社会情境（包括教育情境）的参与者进行的一种自我反思的研究方式，是实际工作者为研究自己的实践所进行的一种研究。

行动研究法的基本特征是为行动而研究、在行动中研究、由行动者研究。

（1）为行动而研究（research for action）。为行动而研究指出了行动研究的目的。研究的目的不是构建系统的学术理论，而是解决实际工作者所处的情境遇到的问题。研究目的具有实用性，问题的解决具有即时性。

（2）在行动中研究（research in action）。在行动中研究指出了研究的情境和研究的方式。行动研究的环境就是实际工作者所在的工作情境，并不是经过特别安排的或控制的场景。行动研究的过程，即是实际工作者解决问题的过程，是一种行动的表现，也是实际工作者学会反省，提高问题探究与问题解决能力的过程。

（3）由行动者研究（research by actors）。由行动者研究指出了行动研究的主体是实际工作者，而不是外来的专家学者。专家学者参与研究扮演的角色是提供意见和咨询，是协作者，而不是研究的主体。

5.3.6 统计分析工具

统计分析工具主要有以下两种：

（1）Microsoft Excel。直观的界面、出色的计算功能和图表工具，再加上成功的市场营销，使 Excel 成为最流行的个人计算机数据处理软件。Excel 是第一款允许用户自定义界面的电子制表软件（包括字体、文字属性和单元格格式）。它还引进了“智能重算”功能，当单元格数据变动时，只有与之相关的数据才会更新，而原先的制表软件只能重算全部数据或者等待下一个指令，同时 Excel 还有强大的图形功能。

（2）SPSS（Statistical Product Service Solutions）。SPSS（社会科学统计软件包）是最早的统计分析软件，也是目前在学术研究领域应用最为广泛、功能最为完善的统计软件。它集数据录入、资料编辑、数据管理、统计分析、报表制作、图形绘制于一体。

5.4 论文撰写规范

5.4.1 论文的基本组成结构

1. 论文的基本结构

论文的基本结构一般包括 3 个部分：论题、论证和结论。

（1）论题：指论文真实性需要证明的命题。

（2）论证：即论述并证明，主要指引用论据来证明论题的真实性的论述过程，是由论据推出论题时所使用的推理形式。

（3）结论：即结束语，对文章所下的最后判断。其主要作用是：总结全文，点明主题；展望未来，增强信心；抒发感情，增强感染力。

2. 论文组成部分

（1）标题名称（题目）。论文标题应以最恰当、最简明的语词来反映论文中最重要的特定内容的逻辑组合，尽可能避免使用不常见的缩写省略词、字符、代号、符号和公式等，论文标题一般不超过 30 个字。

（2）作者姓名和单位。论文的署名包括参与选定研究课题和制定研究方案的人员、直接参与全部或主要部分研究工作并做出贡献的人员、参加撰写论文的人员。如果是两个或两个以上的人员联合完成的论文，应根据每个人员的贡献大小或根据约定排列名次。

（3）论文摘要。摘要即摘录要点，是对论文内容的简短陈述，提示论文的主要观点、见解、论据，简单介绍论文的主要内容。摘要文字要简明、确切。论文的中文摘要一般以 200～400 字为宜，重要的学术论文不超过 1500 字。

（4）关键词（或主题词）。关键词是指用来表达论文全文主题内容信息的单词或术语，供资料查询之用。每篇论文一般选取 3～5 个关键词。

论文标题、作者姓名和单位、论文摘要和关键词等组成部分如图 5.10 所示。

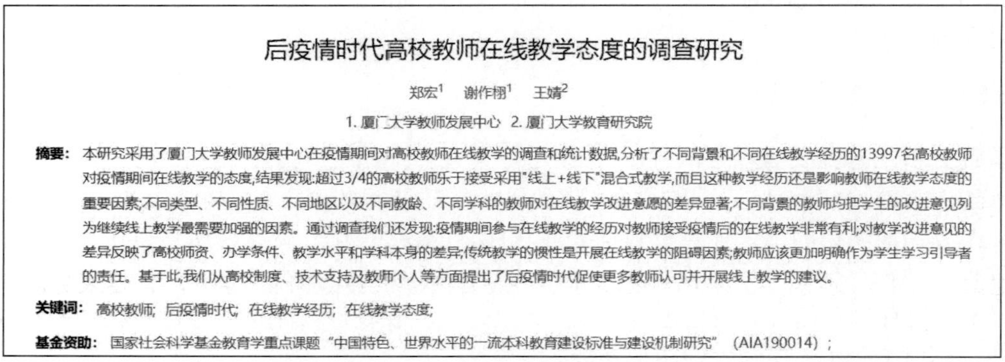

后疫情时代高校教师在线教学态度的调查研究

郑宏[1] 谢作栩[1] 王婧[2]

1. 厦门大学教师发展中心 2. 厦门大学教育研究院

摘要： 本研究采用了厦门大学教师发展中心在疫情期间对高校教师在线教学的调查和统计数据,分析了不同背景和不同在线教学经历的13997名高校教师对疫情期间在线教学的态度,结果发现:超过3/4的高校教师乐于接受采用"线上+线下"混合式教学,而且这种教学经历还是影响教师在线教学态度的重要因素;不同类型、不同性质、不同地区以及不同教龄、不同学科的教师对在线教学改进意愿的差异显著;不同背景的教师均把学生的改进意见列为继续线上教学最需要加强的因素。通过调查我们还发现:疫情期间参与在线教学的经历对教师接受疫情后的在线教学非常有利;对教学改进意见的差异反映了高校师资、办学条件、教学水平和学科本身的差异;传统教学的惯性是开展在线教学的阻碍因素;教师应该更加明确作为学生学习引导者的责任。基于此,我们从高校制度、技术支持及教师个人等方面提出了后疫情时代促使更多教师认可并开展线上教学的建议。

关键词： 高校教师; 后疫情时代; 在线教学经历; 在线教学态度;

基金资助： 国家社会科学基金教育学重点课题“中国特色、世界水平的一流本科教育建设标准与建设机制研究”（AIA190014）;

图 5.10 论文组成部分示例

（5）引言（或称引论、前言、导言、绪论、序言、导论）。引言是论文的起始部分，内容复杂篇幅长的论文，要求讲清写作此文的动机，它的内容、意义、目的，主要是用来简要说明研究问题的内容、目的、方法和意义，阐明全文的主要观点（文章论点），借鉴他人的研究情况、知识布局和理论基础，提出作者本人对理论和实践的继承与发展的研究设想和研究方法，达到的预期成果和现实意义等。

（6）正文。正文是论文的核心部分，也是论文的主体部分，其功能就是：展开论题，分析论证。正文的内容就是深入分析文章引言提出的问题，运用理论研究和实践操作相结合进行分析论证，揭示出各专业领域客观事物内部错综复杂的联系及其规律性。正文撰写的内容反映出文章的逻辑思维性和语言表达能力，决定了论文的可理解性和论证的说服力。正文撰写必须做到实事求是、客观真切、准备充分、逻辑清晰、层次分明、通俗易懂。

（7）结束语。结尾部分，文止而言尽，要照应开头，要体现全文的整体性，全文浑然一体，概括全文、突出中心。结尾分为 3 种：总结式结尾、说明式结尾、号召式结尾，“结语”“结束语”等字眼在正文里不必写出。

（8）致谢语。致谢语可以作为“脚注”放在文章首页的最下面，也可以放在文章的最后，致谢语要诚恳、简洁、恰当。

（9）参考文献。参考文献（资料）附在论文的后面，较多的应加页列出。书写论文引用的文献资料方式分为直接引用和间接引用两种，直接引用原文需要加上引号；论文写作中，作者应表明对引文的观点、立场，即称赞或反对的态度。

5.4.2　论文的摘要、关键词规范

1. 摘要

摘要是论文内容不加注释和评论的简短陈述，是论文基本思想的缩影，可作为论文的简要介绍。它一般是课题研究的意义、目的、方法、成果和结论的高度“浓缩”。它使读者能用较少的时间阅读摘要后大致了解论文的主要内容和结果，也为二次文献的编制提供方便。以期刊论文为例，对于摘要的写作要求如下：

（1）文字应完整、准确、简练，一般不超过 300 字。

（2）必须对原文进行客观介绍，一般不加评论。

（3）要独立成文。表达要完整，使其可独立使用。

2. 关键词

关键词一般是从文献的标题以至摘要、正文中抽取出来的，它是对表述文献主题内容具有实际意义的词汇，作为标引文献主题内容特征的语言。因为这些具有实际意义的词汇对能否检索到该篇文献起着关键性的作用，故称为关键词。它是适应目录索引编制过程自动化的需要而产生的，在计算机情报检索中有着广泛的应用。

关键词是未经规范化处理或者只经少量规范化处理的自然语言，应尽量采用《汉语主题词表》，而不用冠词、介词、连词、代词、感叹词、某些副词、某些动词、某些形容词、某些缺乏检索意义的名词等。近年来，很多刊物一般要求提供关键词 3～8 个，且要求另起一行，排在摘要之后。

5.4.3　论文的论点与论据

1. 论点

论点就是文章所要议论、阐述的观点，是作者要表达的看法和主张。阅读毕业论文，首要的就是寻找、提取和理解文章的论点，这是作者对要议论的问题所持的见解或主张，也是毕业论文的灵魂，起着统帅全文、纲举目张的作用。确立论点是写好毕业论文的前提。毕业论文的论点有以下 5 点要求：

（1）正确：写毕业论文的目的是为了宣传真理、明辨是非、分清正误、区别美丑，所以思想观点正确是首要的。

（2）鲜明：作者在文章中必须旗帜鲜明地表明自己的观点，毫不含糊地说出自己的见解，使读者一目了然，明确理解。

（3）严密：论点的表达必须周密严谨，不给持有异议的人以可乘之机。

（4）集中：在一篇毕业论文中，只能提出一个中心论点，全篇文章始终围绕这个论点展开论述，把道理说深说透。要求集中，也就是要避免发生论点转移，使后文的论说跟前文的论点有变化或者概念上混淆。

（5）深刻：文中提出的论点应该是作者对事物新鲜的、独到的见解，能够深入地揭示事物的本质，而不是一般化的老生常谈，以便更有力地说服读者，给人以深刻的启迪。

写毕业论文时，要注意把中心论点和分论点交代清楚。中心论点是毕业论文的基本观点，是全文的主旨和核心，在文章中起主导作用。分论点是说明中心论点的论据，是为中心论点服务的。

2. 论据

论据是用来证明论点的理由和根据，也是说明观点的材料。它是作者从大量信息中经过反复推敲后优选出来证明论点的材料。在论文中，论据担负着回答“为什么”的任务。因此，论据包括事实材料和道理即理论材料。事实材料中又包括正面事实材料和反面事实材料，对于正面事实材料，首先是真实性原则：论据真实，论点就可信；论据不真实，论点就可疑；其次是典型性原则：就是要求选用那些能够深刻揭示事物的本质，亦即具有广泛代表性的材料作论据。

5.4.4 论文的著录规范：参考文献、插图、表格、注释

1. 参考文献

参考文献也叫引文，是为撰写或编辑论文、著作而引用的有关文献信息资源。参考文献著录格式执行 GB/T 7714—2019《信息与文献 参考文献著录规则》，文后参考文献的内容和格式也有严格的规定，要按照论文的引用顺序进行编号。

以单行本或多卷册（在限定的期限内出齐）形式出版的印刷型或非印刷型出版物，包括普通图书、古籍、学位论文、会议文集、汇编、标准、报告、多卷书、丛书。

（1）著录格式：主要责任者.题名：其他题名信息[文献类型标识/文献载体标识].其他责任者.版本项.出版地：出版者，出版年：引用页码[引用日期].获取和访问路径.数字对象唯一标识符.

M：专著（含古籍中的史、志论著）（Monograph）。

J：期刊文章（Journal）。

C：论文集（Collection）。

N：报纸文章（News）。

D：学位论文（Degree）。

P：专利（Patent）。

S：标准（Standard）。

DB/OL：网上的数据库。

N/OL：网上的报纸。

J/OL：网上期刊。

（2）示例。

[1] 李燕．游戏与儿童发展[M]．杭州：浙江教育出版社，2008：110-122．***（书籍）***

[2] 张杏林．浅议利用数学游戏提高初中数学课堂教学[J]．数学学习与研究，2015（02）：27．***（期刊）***

[3] 吴继陈．小学数学游戏化学习活动的设计[D]．上海师范大学，2020：30-33．***（学位论文）***

2. 插图

插图具有简洁、清晰、准确的特点，可以直观的方式使读者迅速理解事物的形态、结构、变化趋势等，缩减烦琐的文字描述，并起到活跃、美化、节省版面，提高读者阅读兴趣的作用。

学术论文中的插图主要包括函数曲线图、点图、等值线图、直条图、构成图、示意图、流程图、照片等，具体如图 5.11 至图 5.14 所示。

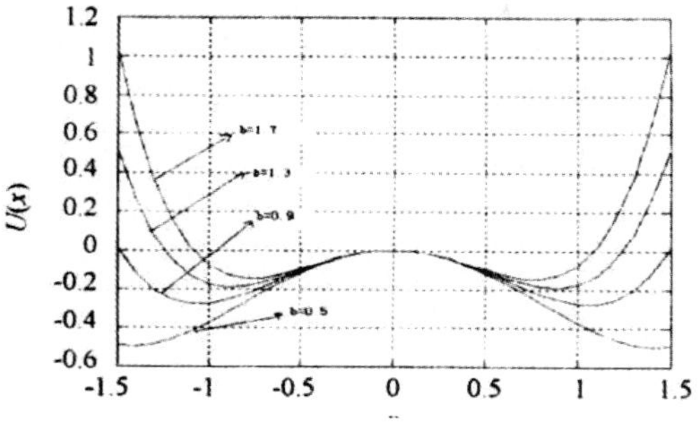

图 5.11　函数曲线图

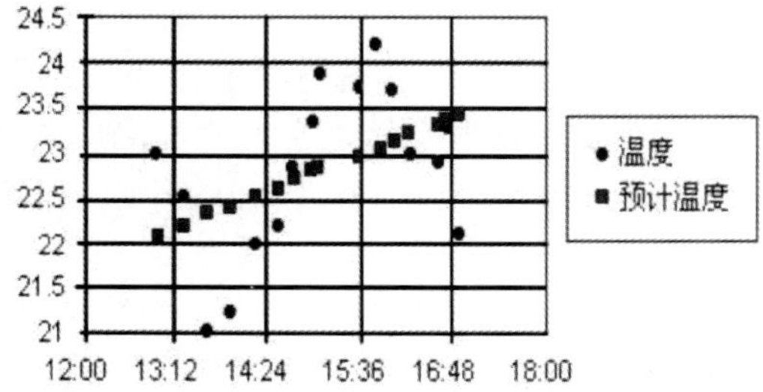

图 5.12　点图

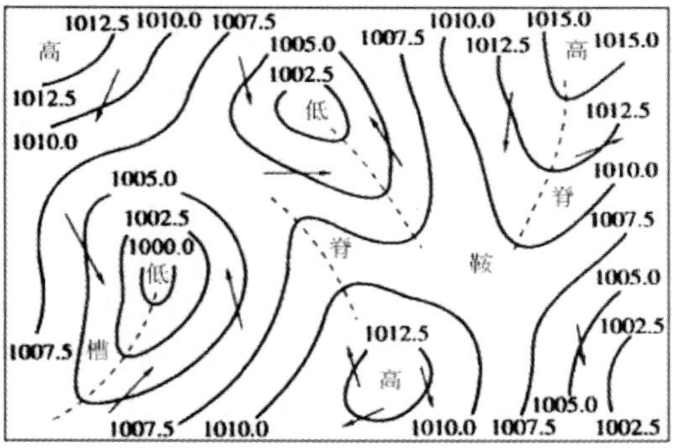

图 5.13　等值线图

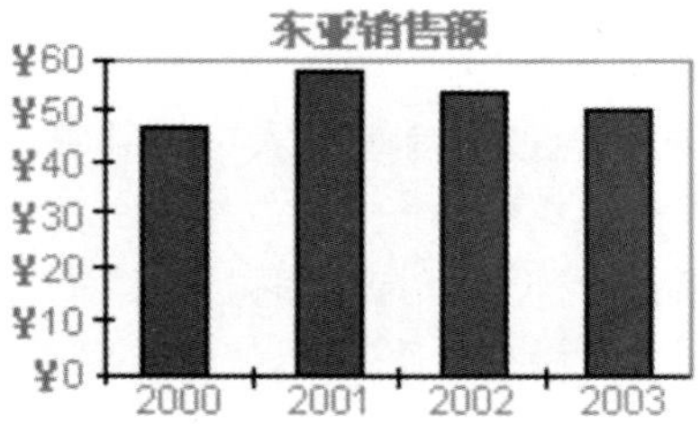

图 5.14　直条图

插图要注明图序和图题，标注在图片下方。图的排序使用阿拉伯数字，如图1、图2、图3、……，图形布局恰当，插图一般随文编排，图注说明文字力求简洁准确。

3. 表格

表格是表达统计资料的一种重要方式，具有表达力强、易得要领、便于计算和分析比较、节省版面等优点，常见的表格有无线表、系统表、卡线表。

表格在论文中的使用注意事项如下：

（1）在表格上方注明表序和表题，如表1、表2、表3、……

（2）表序、表题间要留一个空格，排在顶线的上方，相对整个表格处于居中位置。

（3）表格内容要精，用尽可能少的文字表达清楚。

（4）栏目内的信息归类要正确。

（5）表体内的数字一般不带单位，应把单位符号归并到栏目（表头）中。

（6）对表格做必要说明时，可在表下加入表注，如果不止一条，可以对每条表注编上序号。

4. 注释

注释是作者自己对这个名词或概念的详细说明，用于向对此类课题还不了解的人进行解释。与参考文献引用的不同之处在于，参考文献是别人论文的成果或内容，是直接或间接的参考或引用；注释更多的是作者自己的解释。注释是对论文篇名、作者和文稿中特定内容所进行的必要补充、解释和说明，如对论文产生的背景、立项项目、基金项目等所进行的说明。系列论文则应说明此前已发表的论文篇名、发表报刊、时间（期数），以便读者查考。对作者的注释，即作者简介，包括作者姓名、性别、工作单位或住址、职称、学位、邮政编码等。篇名、作者注释一般放在论文首页页脚。

注释的作用：是为了让别人和自己更容易看懂文章。

注释的内容：字词音义、时间地点、人物生平事迹、典故出处、时代背景等都是注释对象。

注释的形式：脚注、尾注，注释时使用数字加圆圈标识，如①、②。

5.4.5 学术道德规范

在从事科学研究的过程中，应严格遵守《中华人民共和国著作权法》《中华人民共和国专利法》、中国科学技术协会颁布的《科技工作者科学道德规范（试行）》等国家有关法律、法规、社会公德及学术道德规范，要坚持科学真理、尊重科学规律、崇尚严谨求实的学风，勇于探索创新，恪守职业道德，维护科学诚信。

1. 基本学术道德规范

（1）在学术活动中，必须尊重知识产权，充分尊重他人已经取得的研究成果；引用他人成果时如实注明出处；所引用的部分不能构成引用人作品的主要部分或实质部分；从他人作品转引第三人成果时，如实注明转引出处。

（2）合作研究成果在发表前要经过所有署名人审阅并签署确认书。所有署名人对研究成果负责，合作研究的主持人对研究成果整体负责。

（3）在对自己或他人的作品进行介绍、评价时，应遵循客观、公正、准确的原则，在充分掌握国内外材料、数据的基础上，做出全面分析、评价和论证。

（4）尊重研究对象（包括人类和非人类研究对象）。在涉及人体的研究中，必须保护受试人合法权益和个人隐私，并保障知情同意权。

（5）在课题申报、项目设计、数据资料的采集与分析、公布科研成果、确认科研工作参与人员的贡献等方面，遵守诚实客观原则。搜集、发表数据要确保有效性和准确性，保证实验记录和数据的完整、真实和安全，以备考查。公开研究成果、统计数据等，必须实事求是、完整准确。对已发表研究成果中出现的错误和失误，应以适当的方式予以公开和承认。

（6）诚实严谨地与他人合作。耐心诚恳地对待学术批评和质疑。

（7）对研究成果做出实质性贡献的有关人员拥有著作权。仅对研究项目进行过一般性管理或辅助工作的人员，不享有著作权。合作完成成果，应按照对研究成果的贡献大小的顺序署名（有署名惯例或约定的除外）。署名人应对本人做出贡献的部分负责，发表前应由本人审阅并署名。

（8）不得利用科研活动谋取不正当利益。正确对待科研活动中存在的直接、间接或潜在的利益关系。

2. 学术不端行为

学术不端行为是指在科学研究和学术活动中的各种造假、抄袭、剽窃和其他违背学术活动公序良俗的行为。学术道德不端行为具体包括以下 8 条：

（1）抄袭、剽窃、侵吞、篡改他人学术成果：在学术活动过程中抄袭、篡改他人作品等成果，剽窃、篡改他人的学术观点、学术思想或实验数据、调查结果；违反职业道德利用他人重要的学术认识、假设、学说或者研究计划等行为。

（2）故意做出错误的陈述，捏造数据或结果，破坏原始数据的完整性；伪造、拼凑、篡改科学研究实验数据、结论、注释或文献资料等行为。

（3）伪造学术经历：在评奖、评优、奖助学金评定等申报材料中填写有关个人简历信息及学术情况时，不如实报告个人简历、学术经历、学术成果，伪造专家鉴定、证书及其他学术能力证明材料等行为。

（4）成果发表、出版时一稿多投。

（5）未如实反映科研成果：虚报科研成果，或重复申报同级同类奖项，或随意提高成果的学术档次，在出版成果时未如实注明著、编著、编、译著、编译等行为。

（6）不当或滥用署名：未参加科学研究或论著写作，而在别人发表的作品等成果中署名；未经被署名人同意而署其名等行为；在科研成果的署名位次上高于自己的实际贡献的行为；未经被署名人允许的随意代签、冒签；损害他人著作权，侵犯他人的署名权，将做出创造性贡献的人排除在作者名单之外。

（7）采用不正当手段干扰和妨碍他人研究活动，包括故意毁坏或扣压他人研究活动中必需的仪器设备、文献资料，以及其他与科研有关的财物；故意对竞争项目实施不正当竞争行为。

（8）参与或与他人合谋隐匿学术劣迹，包括参与他人的学术造假、与他人合谋隐藏其不端行为、监察失职，以及对投诉人打击报复。

5.4.6 排版技巧：目录自动生成/图表自动生成

1. 目录自动生成

（1）在 Word 文档界面中，把输入符放在一级标题上面，然后在“开始”菜单下顶部目录索引框中单击“标题 1”，如图 5.15 所示。

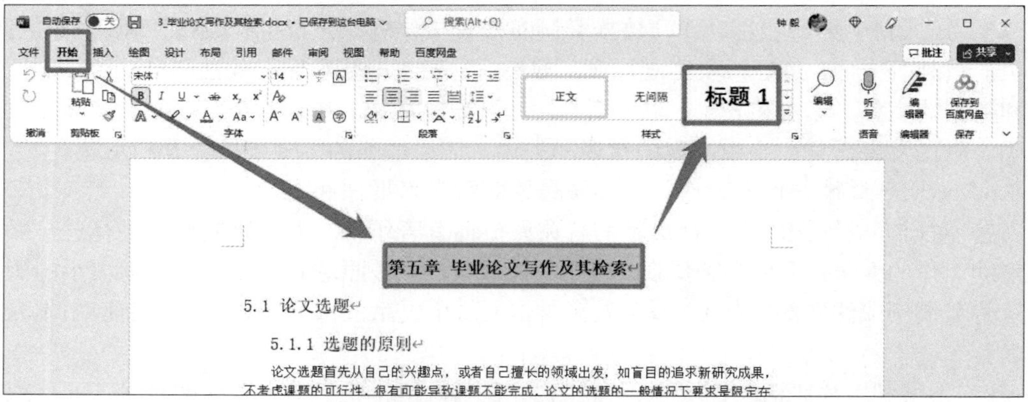

图 5.15 选择“标题 1”

（2）移动输入符到二级标题上面，单击顶部目录索引框中的“标题 2”，如图 5.16 所示。

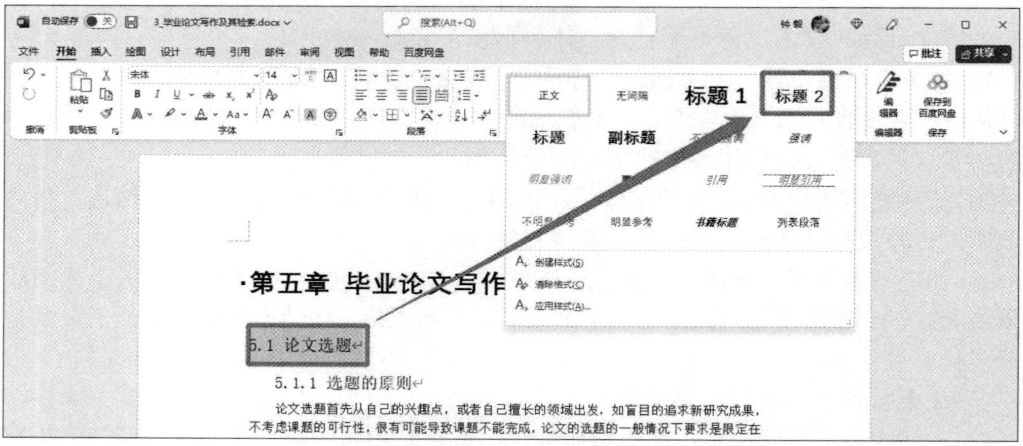

图 5.16 选择“标题 2”

（3）把输入符移到三级标题上面，再单击顶部目录索引框中的“标题 3”，如图 5.17 所示。

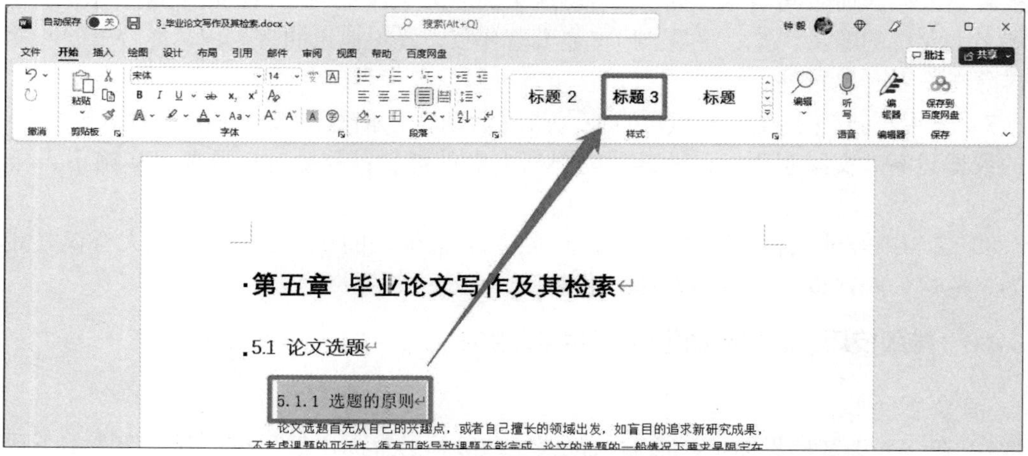

图 5.17 选择“标题 3”

（4）把这些索引标记后再单击左上角主菜单栏中的“引用”，如图 5.18 所示。

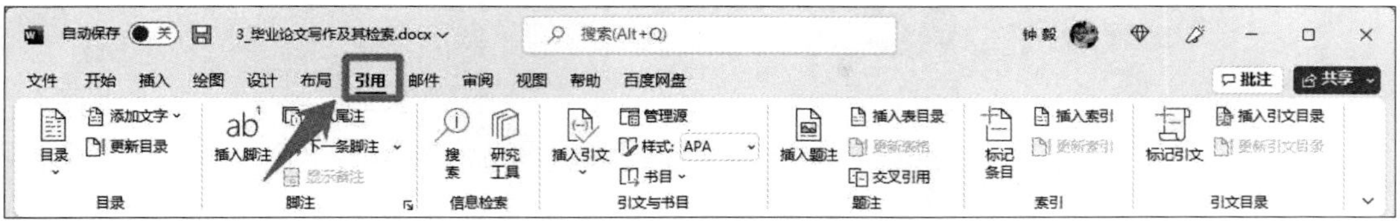

图 5.18　引用

（5）单击左侧的“目录”工具，在弹出的选项菜单中单击“自动目录 1”或“自动目录 2”，即可看到设置的标题已经自动生成目录，如图 5.19 所示。

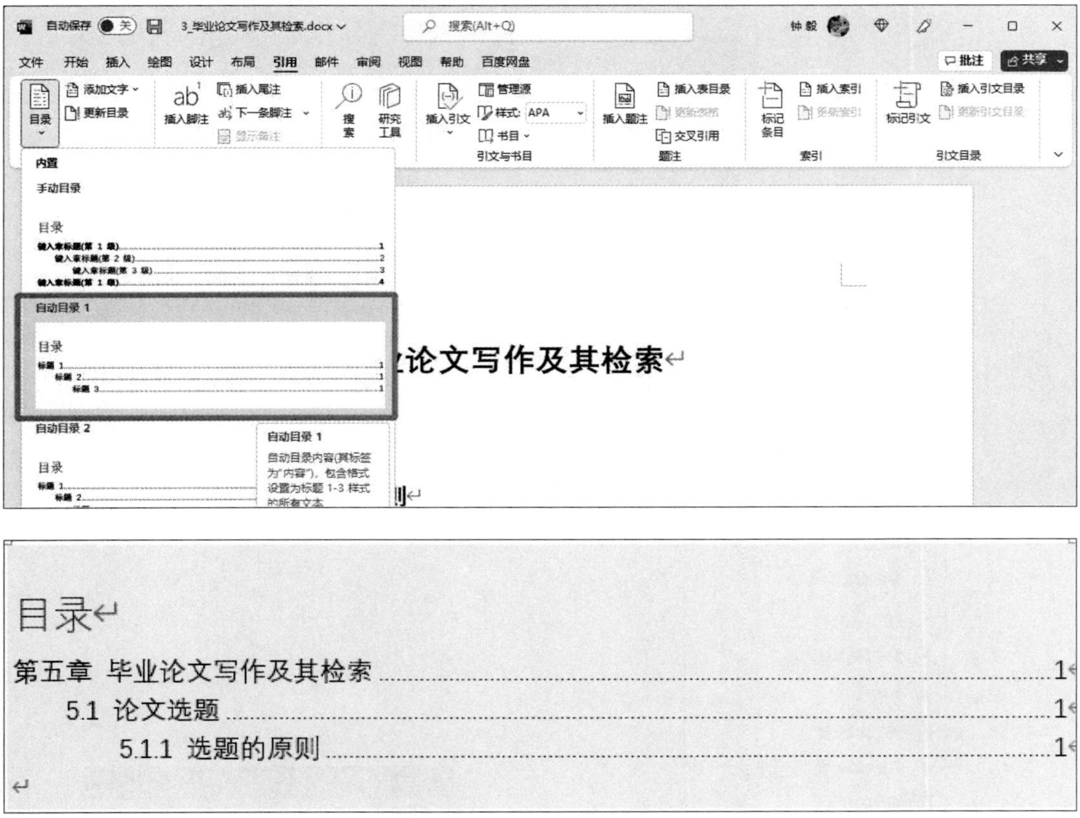

图 5.19　自动生成目录

2. 图表自动生成

（1）打开一个空白的 Word 文档，输入一些图表元素以进行演示，生成图表操作如图 5.20 所示。

（2）分别选中每一个图表并右击，在弹出的快捷菜单中选择“插入题注”，如图 5.21 所示。

（3）在弹出的“题注”对话框中，输入图表名称，标签选择“题注”，位置选择“所在项目”的上方或下方，选择完以后单击“确定”按钮，如图 5.22 所示。

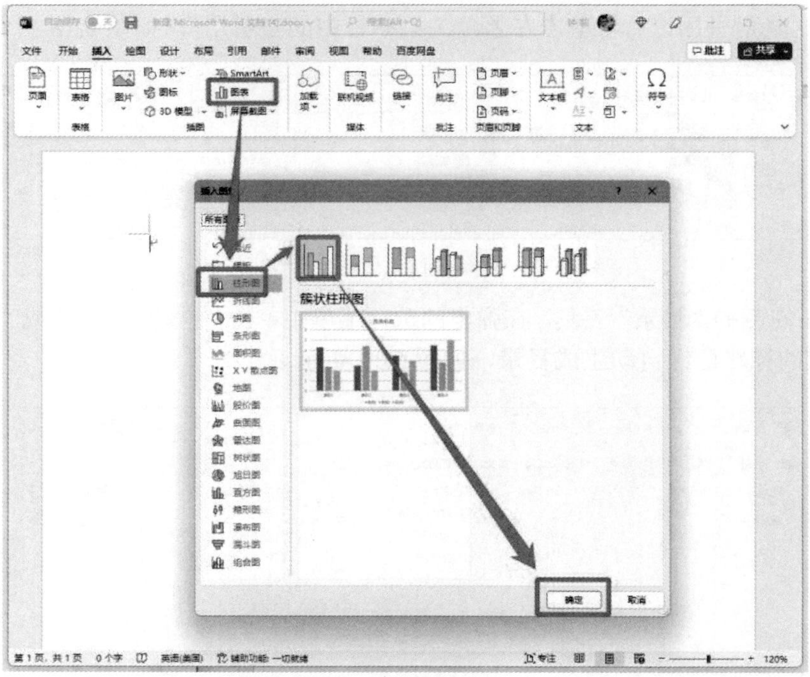

图 5.20　生成图表操作

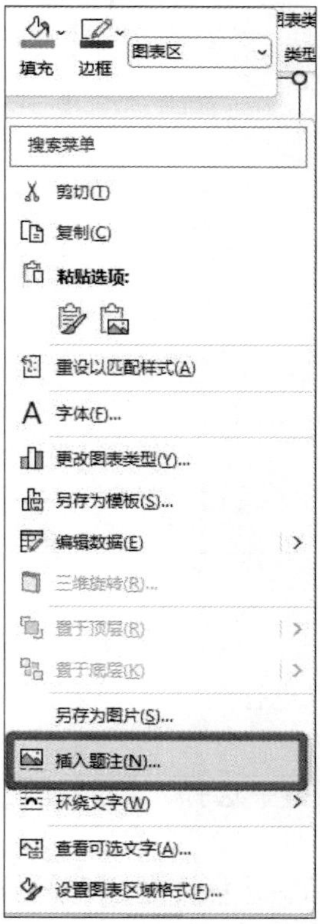

图 5.21　插入题注

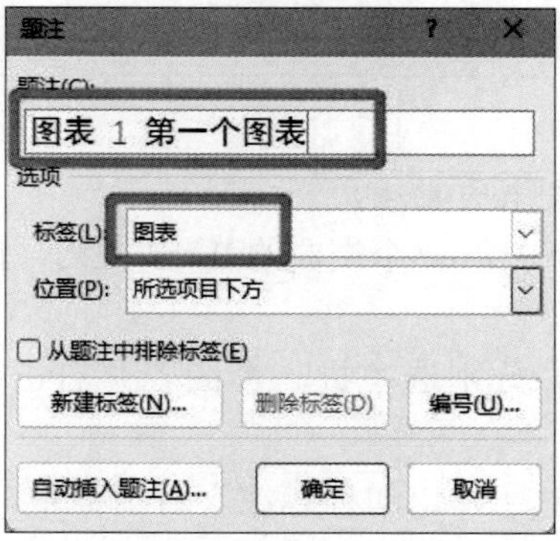

图 5.22　“题注”对话框

（4）在文档中需要输入图表目录的地方单击“引用”，如图 5.23 所示。

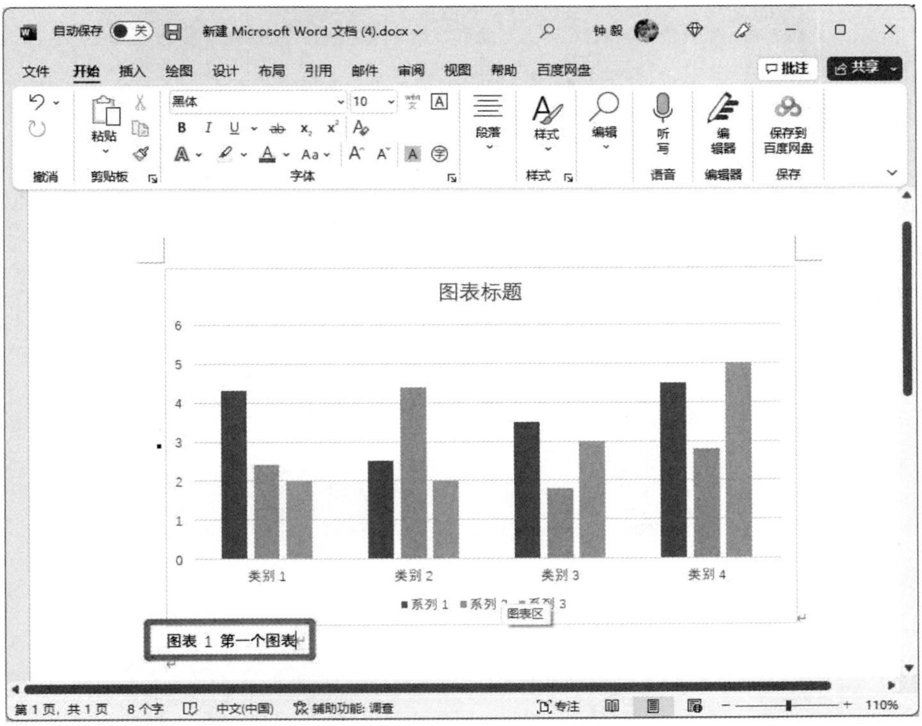

图 5.23 图表

（5）选择“插入表目录”，如图 5.24 所示。

图 5.24 插入图表目录的菜单操作

（6）在弹出的“图表目录”对话框中进行设置，如图 5.25 所示。

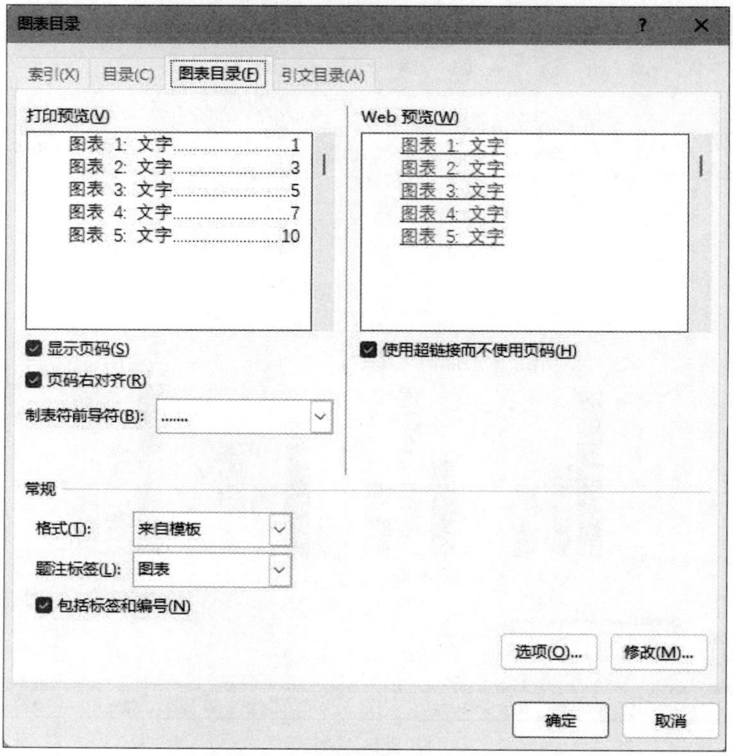

图 5.25 “图表目录”对话框

（7）设置完成以后单击“确定”按钮，图表目录就插入好了，如图 5.26 所示。

图表 1 第一个图表 .... 1↵
图表 2 第二个图表 .... 1↵

图 5.26 图表目录

5.5 毕业答辩

5.5.1 论文答辩过程

1．毕业论文答辩的过程

（1）学生必须在论文答辩会举行之前半个月，将经过指导老师审定并签署过意见的毕业论文一式三份连同提纲、草稿等交给答辩委员会，答辩委员会的主答辩老师在仔细研读毕业论文的基础上，拟出要提问的问题，然后举行答辩会。

（2）在答辩会上，先让学生用 15 分钟左右的时间概述论文的标题以及选择该论题的原因，较详细地介绍论文的主要论点、论据和写作体会。

（3）主答辩老师提问。主答辩老师一般提 3 个问题。老师提问完后，有的学校规定，可以让学生独立准备 15～20 分钟后再来当场回答；也有些学校要求学员当场立即做出回答（没有准备时间），随问随答；可以是对话式的，也可以是主答辩老师一次性提出 3 个问题，学生在听清楚记下来后，按顺序逐一做出回答；根据学生回答的具体情况，主答辩老师和其他答辩老师随时可以有适当的插问。

（4）学生逐一回答完所有的问题后退场，答辩委员会集体根据论文质量和答辩情况商定通过还是不通过，并拟定成绩和评语。

（5）召回学生，由主答辩老师当面向学生就论文和答辩过程中的情况加以小结，肯定其优点和长处，指出其错误或不足之处，并加以必要的补充和指点，同时当面向学生宣布通过或不通过。至于论文的成绩，一般不会当场宣布。

2. 答辩要注意的问题

学生要顺利通过答辩，并在答辩时真正发挥出自己的水平，除了在答辩前做好充分准备外，还需要了解和掌握答辩的要领和答辩的艺术。

（1）学生参加答辩会，要携带论文的底稿和主要参考资料。如前所述，有的高等学校规定：在答辩会上，主答辩老师提出问题后，学生可以准备一定时间后再当面回答，在这种情况下，携带论文底稿和主要参考资料的必要性是不言自明的。即使老师提出问题后不给学生准备时间，要求当场作答，但在回答过程中，也是允许翻看自己的论文和有关参考资料的，答辩时虽然不能依赖这些资料，但带上这些资料，稍微翻阅一下，就可以避免出现答不上来的尴尬和慌乱。

（2）还应带上笔和笔记本，以便把主答辩老师所提出的问题和有价值的意见、见解记录下来。通过记录，不仅可以减缓紧张心理，而且可以更好地吃透老师所提问的要害和实质是什么，同时还可以边记边思考，使思考的过程变得自然。

5.5.2 论文评价

论文评价的方面包括论文选题是否合适、论文结构是否合理、创新点等。

（1）论文选题是否合适。原则上只要和所学专业相关的方向都可以，但热门的、实践价值强的选题会比较受导师青睐。此外，选题应当与本身的专业水平相符，题目范围不能过大或过小。建议选择与导师研究方向相同的题目或者自己比较擅长方向的题目。如果选题与专业差别较大，或者与别人重复，文章价值就会大大缩水。

（2）论文结构是否合理。论文写作中一般采取“总—分—总”结构，也就是提出问题—分析问题—解决问题的结构。在实际写作中，为了论证需要，还需要把论点进行拆分，分别论述。这容易出现文章结构散乱、论据不充分的状况。在写作上要注意，每一个分论点不一定与完整主旨完全符合，但一定是为总论文服务的。只有结构合理、逻辑清晰的论文才是高质量的。

（3）创新点。创新点是衡量论文价值的重要因素，如果一篇论文创新点很明显且具有价值，只要其他部分不出现太大问题，基本都能过关。论文要求必须有创新点，但创新点不是要求在理论上或研究上的巨大突破，新的观点、新的看法、新的角度，都是论文中的创新点。

论文评价等级如表 5.4 所示。

表 5.4 论文评价等级

分数等级	特点
优秀（90 分以上）	①观点正确，证据有力，论据充分，资料翔实，理论分析比较深入，理论密切结合实际
	②结构严谨，层次清晰，文字通顺，无错别字
	③在某些方面确有一定的突破与创新，回答并解决了较为重要的理论或实际问题，确有一定的学术价值或应用价值
良好（80～89 分）	①观点正确，论据有力，论证充分，资料翔实，理论分析比较深入，理论结合实际较好
	②结构严谨，层次清晰，文字通顺，无错别字
	③论证主题有一定价值
及格（60～79 分）	①基本观点正确，论据较有力，论证较充分，资料较充实，理论分析不够深入，理论结合实际较差
	②结构尚合理，层次尚清晰，文字尚通顺，无错别字
不及格（60 分以下）	①基本观点有误，论据无力，缺乏论证，资料贫乏，分析肤浅，理论脱离实际
	②结构混乱，层次不清，文字不通顺，错别字较多

优秀论文有以下 6 个特征：有一个很好的选题、有恰当的研究方法、有大量第一手数据、有一个严谨的结构、有规范的学术表达、有一个清晰的结论。

5.5.3 答辩 PPT 制作

1. PPT 模板的选择

（1）忌单调的白底黑字，应进行一些艺术设计，使画面美观，但不必过于花哨，体现专业性，符合技术人士的喜好。

（2）去掉不相关信息，如一些下载模板上的 LOGO，把学校或部门的 LOGO 放入。

（3）不一定特别强调动画效果。适当有点技术含量（适当的动画、演示工作的视频插件等）会体现个人水平和能力。

2. 内容的组织和讲解

（1）PPT 主要内容不需要照着念，略停留即可进入背景介绍。背景介绍尽量简练，2～3 页为宜，但信息量要足，目的是给出研究背景（对应选题意义）、现状，总结当前工作的不足，从而引出自己的工作。

（2）全文工作思路，1～2 页。理清逻辑，让受众明白问题的轮廓和自己的工作全貌。

（3）讲解自己的详细工作，要突出思路和重点，不一定在语言表达上涉及太多细节；实验结果的表示要精炼，让人容易理解；对比实验要公平，有说服力，对比对象要新，要有对比意义，从而体现自己的工作价值（这是研究方法和论文写作阶段都有的问题，但是答辩时常被质问）。

（4）一定要有总结，突出个人工作和结果；展望和工作的不足之处不宜多，淡化处理；致谢可以写，但要简练，并且不要照着读，一句话即可，如“最后，感谢所有关心和帮助过我的每一个人，感谢各位专家和评委老师。”

3. 其他注意事项

（1）PPT 内容信息应完整，包含回答问题所需的素材，如出现文献，应给出该参考文献和方法名称。

（2）必要的细节应保留在 PPT 中，体现自己的工作量，但这部分可以根据情况少讲或不讲。

（3）不要进行扫盲式讲解，除非需要在他人的基础上改进，那么应给出自己的起点位置。讲解自己工作的时候应注意区分别人的工作。

（4）PPT 上切忌大段文字，一定要精简。文字少（让观众直接抓住要点，细节并不重要，比如用于背景和现状介绍），口头上可以补充；文字多（留余地给提问和体现工作量），口头要精简。

（5）PPT 最好都按序播放，不要点击跳来跳去，这种形式会扰乱观众，并且回答问题时会带来不必要的麻烦。

（6）PPT 在 25～30 页左右，重点讲解大约 20 页。

（7）要提前到答辩现场试机，使用宽屏显示器进行编辑的 PPT 在台式显示器上显示可能会有问题。另外，建议搞两套配色，一个浅色系，适合投影效果很好的地方；一个深色系（对比强烈），适合投影不佳的场所。如果 PPT 有插件，确保在答辩机器上可以工作（可带一台笔记本电脑）。

（8）在答辩和总结时界定个人工作要准确，不是自己提出的一定不要随便说“提出了”，到底是“改进”还是“采用”，都必须严格界定。这些要和论文写作保持一致。答辩 PPT 中引用他人的图表一样要注明（本页 PPT 下方）。所有在论文和 PPT 中出现的工作、术语等内容要能解释和说明，以备在问题回答阶段使用。

第 6 章　网络安全概述

6.1　网络安全面临的威胁

全球正在迎来新一轮信息技术革命，带来了全新的互联网应用和服务模式，越来越多的公共服务、商业和经济活动在互联网上开展，虚拟世界与现实世界、线上与线下的界限亦将日渐模糊。

据中国互联网络信息中心（CNNIC）发布的《中国互联网络发展状况统计报告》显示，截至 2021 年 12 月底，中国网民规模达到 10.32 亿，互联网普及率达到 71.6%，手机网民规模达到 10.07 亿。2020 年我国协调处置各类网络安全事件近 10.3 万起，关闭仿冒网页 1.7 万余个，捕获恶意程序样本数量 4200 万个，感染恶意程序主机约 534 万台。网络违法犯罪行为的趋利化特征明显，大型电子商务、金融机构、第三方在线支付网站逐渐成为网络钓鱼的主要对象，黑客通过仿冒上述网站或伪造购物网站诱使用户进行网上交易，从而窃取用户的账号和密码，并且造成用户经济损失。目前，我国各类网络系统经常遇到的安全威胁有恶意代码（如木马、计算机病毒、蠕虫等）、拒绝服务攻击（如带宽占用、资源消耗、程序和路由缺陷利用、攻击 DNS 等）、内部人员的滥用和蓄意破坏、社会工程学攻击（如利用人的本能反应、好奇心、贪便宜等弱点进行欺骗和伤害等）、非授权访问（如黑客攻击、盗窃、欺诈等）等。这些威胁有的是针对安全技术缺陷，有的是针对安全管理缺失。

1. 黑客攻击

黑客是指利用网络技术中的一些缺陷和漏洞，对计算机系统进行非法入侵的人。黑客攻击的意图是阻碍合法网络用户使用相关服务或破坏正常的商务活动。黑客对网络的攻击方式是千变万化的，一般是利用“操作系统的安全漏洞”“应用系统的安全漏洞”“系统配置的缺陷”“通信协议的安全漏洞”来实现的。到目前为止，已经发现的攻击方式超过 2000 种，目前对绝大部分黑客攻击手段已经有相应的解决方法。

2. 非授权访问

非授权访问是指未经授权实体的同意获得了该实体对某个对象的服务或资源。非授权访问通常是通过在不安全通道上截获正在传输的信息或者利用服务对象的固有弱点实现的，没有预先经过同意就使用网络或计算机资源，或擅自扩大权限和越权访问信息。

3. 计算机病毒、木马与蠕虫

威胁信息网络安全的因素有病毒、木马与蠕虫。计算机病毒是指编制者在计算机程序中插入的破坏计算机功能、毁坏数据、影响计算机使用并能自我复制的一组计算机指令或程序代码。木马与一般的病毒不同，它不会自我繁殖，也并不“刻意”地去感染其他文件，而是通过将自身伪装吸引用户下载执行，向施种木马者提供打开被种者计算机的门户，使施种者可以任意毁坏、窃取被种者的文件，甚至远程操控被种者的计算机。蠕虫则是一种特殊的计算机病毒程序，它不需要将自身附着到宿主程序上，而是传播它自身功能的拷贝或它的某些部分到其他的计算机系统中。在今天的网络时代，计算机病毒、木马与蠕虫千变万化，产生了很多新的形式，对网络的威胁非常大。

4. 拒绝服务（DoS）攻击

DoS（Denial of Service）攻击的主要手段是对系统的信息或其他资源发送大量的非法连接请求，从而导致系统产生过量负载，最终使合法用户无法使用系统的资源。

5. 内部入侵

内部入侵，也称授权侵犯，是指被授权以某一目的使用某个系统或资源的个人，利用此权限进行其他非授权的活动。另外，一些内部攻击者往往利用偶然发现的系统弱点或预谋突破网络安全系统进行攻击。由于内部攻击者更了解网络结构，因此他们的非法行为将对计算机网络系统造成更大的威胁。

未来网络安全威胁的五大趋势是：新技术、新应用和新服务带来新的安全风险；关键基础设施、工业控制系统等渐成攻击目标；非国家行为体的“网上行动能力”趋强；网络犯罪将更为猖獗；传统安全问题与网络安全问题相互交织。

6. 网络钓鱼

通过论坛、QQ、电子邮件、短信、弹出广告等途径发送声称来自某银行、某购物网站或其他知名机构（如网监、公安等）的欺骗信息，引诱受害者访问伪造的网站，以便收集用户名、密码、信用卡资料等敏感信息。对于缺少安全经验的网民来说，钓鱼攻击很容易让人中招。从外观上看，攻击者伪造的网站与真正的网站几乎一模一样，网站域名也比较相似。例如，招商银行的真正网址为 www.cmbchina.com，攻击者可伪造一个外观相仿的 www.cmdchina.com 站点，并向受害者发送譬如“您的网银账号于×月×日登录失败，为了提高账号安全性，建议登录 http://www.cmdchina.com/ 重置密码……”的电子邮件，从而诱使其访问伪造站点以盗取其网上银行账号和密码等信息。

7. 中间人攻击（MITM）

中间人攻击（Man-In-The-Middle Attack，MITM）是一种古老且至今依然生命力旺盛的攻击手段。MITM 攻击就是攻击者伪装用户，然后拦截其他计算机的网络通信数据，并进行数据篡改和窃取，而通信双方毫不知情。常用的方法有 ARP 欺骗、DNS 欺骗等。如图 6.1 所示，攻击者回复假的 MAC 地址信息，导致 Host3 无法与 Host1 通信。

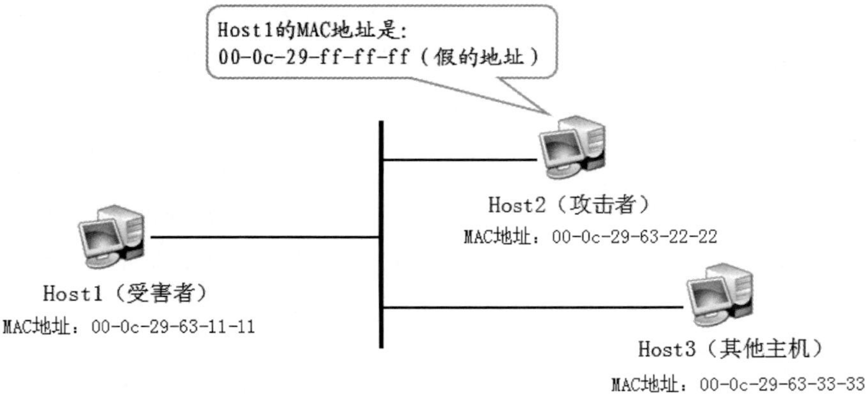

图 6.1 ARP 攻击示意图

如果攻击者针对通信双方都进行 ARP 欺骗，并且从中截获数据，则构成中间人攻击。这种方式中受害主机的通信基本不受影响，往往不易察觉，因此危害更大，攻击方 Host2 不断发送错误的 MAC 更新信息，使通信双方 Host1、Host3 都认为对方的 MAC 地址是 00-0c-29-22-22-22，实际上 Host2 以中间人的身份截获了双方的往来数据。

6.2 网络安全的特征

网络安全是指网络系统中的软硬件设施及其系统中的数据受到保护，不会由于偶然的或恶意的原因而遭受到破坏、更改和泄露，系统能够连续、可靠地正常运行，网络服务不被中断。网络安全通常包括网络实体安全、操作系统安全、应用程序安全、用户安全和数据安全等方面，如图 6.2 所示。

网络整体安全问题
1．网络是否安全？（网络完整性，Network Integrity） 网络群体：网络控制、通信安全、防火墙
2．操作系统是否安全？（系统完整性，System Integrity） 系统群体：病毒、黑客入侵、风险评估、审计分析
3．用户是否安全？（用户完整性，User Integrity） 用户群体：安全配置、用户/组管理、登录鉴别
4．应用程序是否安全？（应用完整性，Application Integrity） 应用群体：访问控制、授权
5．数据是否安全？（应用保密性，Application Confidentiality） 应用保密：加密

图 6.2 网络整体安全结构图

网络安全已经渗透到社会生活的每一个领域，网络安全保护的对象可分为以下 4 个层面：

（1）国家安全，即如何保护国家机密不因网络黑客的袭击而泄漏。

（2）商业安全，即如何保护商业机密，防止企业资料遭到窃取。

（3）个人安全，即如何保护个人隐私（包括信用卡号码、健康状况等）。

（4）网络自身安全，即如何保证接入 Internet 的计算机网络不因病毒的侵袭而瘫痪。

网络安全就是网络上的信息安全。网络安全的特征主要有系统的完整性、可用性、可靠性、保密性、可控性、抗抵赖性等。

1．完整性

完整性是指网络信息数据未经授权不能进行改变，即网络信息在存储或传输过程中保持不被偶然地或蓄意地删除、修改、伪造、乱序、重放、破坏和丢失。完整性是网络安全的最基本特征之一。其要求网络传输的信息端到端、点到点是保持不变的，在存储上能够保持信息百分之百的准确率，即网络信息的正确生成、正确存储和正确传输。

2．可用性

可用性是指网络信息服务在需要时允许授权用户或实体使用，或者是网络部分受损或需要降级使用时仍能为授权用户提供有效服务。可用性是网络信息系统面向用户的安全性能。网络信息系统最基本的功能是向用户提供服务，而用户的需求是随机的、多方面的，有时还有时间要求。可用性一般用系统正常使用时间和整个工作时间之比来度量。

3. 可靠性

可靠性是指网络信息系统能够在规定条件和规定时间内完成规定的功能。可靠性是网络安全的最基本要求之一，是所有网络信息系统建设和运行的目标。

4. 保密性

保密性是指网络信息不泄露给非授权的用户和实体，或被其利用，即防止信息泄漏给非授权个人或实体，信息只为授权用户使用。保密性是在可靠性和可用性基础之上保障网络安全的重要手段。

5. 可控性

可控性是指网络对其信息的传播内容具有控制能力，不允许不良信息通过公共网络进行传输。

6. 抗抵赖性

抗抵赖性是指在网络信息系统的信息交互过程中，确信参与者的真实同一性，即所有参与者都不可能否认或抵赖曾经完成的操作和承诺。利用信息源证据可以防止发信方不真实地否认已发送信息，利用递交接收证据可以防止收信方事后否认已经接收的信息。数字签名技术是解决不可抵赖性的一种手段。

6.3　保证网络安全的方法和途径

先进的技术是实现网络安全的有力保障。针对网络安全的各种属性，人们提出了许多增强信息安全的技术，例如信息加密技术、防火墙技术、反病毒技术、入侵检测技术、虚拟专用网技术、身份验证技术、访问控制技术、安全内核技术、安全漏洞扫描技术等。合理地综合运用这些安全技术，可以有效增强计算机网络的安全性。

1. 信息加密技术

信息的保密性是信息安全性的一个重要方面。保密的目的是防止敌人破译机密信息。加密是实现信息保密性的一个重要手段。所谓加密，就是使用数学方法来重新组织数据，使除了合法的接收者之外，任何其他人都不能恢复原先的“消息”或读懂变化后的“消息”。加密前的信息称为明文，加密后的信息称为密文，将密文变为明文的过程称为解密。

加密技术可使一些主要数据存储在一台不安全的计算机上，或者可以在一个不安全的信道上传送，只有持有合法密钥的一方才能获得明文。

在对明文进行加密时所采用的一组规则称为加密算法。类似地，对密文进行解密时所采用的一组规则称为解密算法。加密算法和解密算法的操作通常都是在一组密钥控制下进行的，分别称为加密密钥和解密密钥。加密技术分为两类，即对称加密和非对称加密。

（1）对称加密。对称加密又称私钥加密，即信息的发送方和接收方用同一个密钥去加密和解密数据。它的最大优势是加/解密速度快，适合对大数据量进行加密，但密钥管理困难。如果进行通信的双方能够确保专用密钥在密钥交换阶段未曾泄露，那么机密性和报文完整性就可以通过这种加密方法来实现。

（2）非对称加密。非对称加密又称公钥加密，亦称不对称密钥。使用一对密钥来分别完成加密和解密操作，其中一个公开发布（即公钥），另一个由用户自己秘密保存（即私钥）。信息交换的过程是甲方生成一对密钥并将其中的一把作为公钥向其他交易方公开，得到该公钥的乙方使用该密钥对信息进行加密后再发送给甲方，甲方再用自己保存的私钥对加密信息进行解密。

2. 防火墙技术

（1）防火墙简介。防火墙技术最初是针对 Internet 不安全因素所采取的一种保护措施。顾名思义，防火墙就是用来阻挡外部不安全因素影响的内部网络屏障，其目的是防止外部网络用户未经授权的访问。它是一种计算机硬件和软件的结合，使 Internet 与 Intranet 之间建立起一个安全网关（Security Gateway），从而保护内部网免受非法用户的侵入。防火墙主要由服务访问政策、验证工具、包过滤和应用网关 4 个部分组成，计算机流入流出的所有网络通信均要经过此防火墙。

（2）防火墙的功能。

- 允许网络管理员定义一个中心点来防止非法用户进入内部网络。
- 可以方便地监视网络的安全性并报警。
- 可以作为部署网络地址变换（Network Address Translation，NAT）的地点，利用 NAT 技术将有限的 IP 地址动态或静态地与内部的 IP 地址对应起来，用来缓解地址空间短缺的问题。
- 防火墙是审计和记录 Internet 使用费用的一个最佳地点。网络管理员可以在此向管理部门提供 Internet 连接的费用情况，查出潜在的带宽瓶颈的位置，并能够依据本机构的核算模式提供部门级的计费。
- 防火墙可以连接到一个单独的网段上，从物理上和内部网段隔开，并在此部署 WWW 服务器和 FTP 服务器，将其作为向外部发布内部信息的地点。从技术角度来讲，就是所谓的停火区（Demilitarized Zone，DMZ）。

（3）防火墙类型。尽管防火墙的发展经过了几代，但是按照防火墙对内外来往数据的处理方法，大致可以将防火墙分为两大体系：包过滤防火墙和代理防火墙（应用层网关防火墙）。前者以以色列的 Checkpoint 防火墙和 Cisco 公司的 PIX 防火墙为代表，后者以美国 NAI 公司的 Gauntlet 防火墙为代表。

从实现原理上分，防火墙技术包括 4 类：网络级防火墙（也叫包过滤型防火墙）、应用级网关、电路级网关和规则检查防火墙。它们之间各有所长，具体使用哪一种或是否混合使用，要看具体需要。

网络级防火墙一般是基于源地址和目的地址、应用、协议以及每个 IP 包的端口来做出通过与否的判断。一个路由器便是一个“传统”的网络级防火墙，大多数的路由器都能通过检查这些信息来决定是否将收到的包转发，但它不能判断一个 IP 包来自何方、去向何处。防火墙检查每一条规则，直至发现包中的信息与某规则相符。如果没有一条规则符合，防火墙就会使用默认规则，一般情况下，默认规则就是要求防火墙丢弃该包。通过定义基于TCP或UDP数据包的端口号，防火墙能够判断是否允许建立特定的连接，如 Telnet 连接、FTP连接。

应用级网关就是我们常说的“代理服务器”，它能够检查进出的数据包，通过网关复制传递数据，防止在受信任服务器和客户机与不受信任的主机间直接建立联系。应用级网关能够理解应用层上的协议，进行一些复杂的访问控制，以及精细的注册和稽核。但每一种协议需要相应的代理软件，使用时工作量大，效率不如网络级防火墙。常用的应用级防火墙已有了相应的代理服务器，如 HTTP、NNTP、FTP、Telnet、Rlogin、X-Window 等。

电路级网关用来监控受信任的客户或服务器与不受信任的主机间的 TCP 握手信息，这样来决定该会话（session）是否合法。电路级网关是在 OSI 模型中的会话层上过滤数据包的，这样比包过滤防火墙要高两层。实际上电路级网关并非作为一个独立的产品存在，而是与其他的应用级网关结合在一起，如 Trust Information Systems 公司的 Gauntlet Internet Firewall、DEC 公司的 Alta Vista Firewall 等产品。另外，电路级网关还提供了一个重要的安全功能：代理服务器（Proxy Server）。代理服务器是一个防火墙，在其上运行一个叫做“地址转移”的进程来将所有公司内部的 IP 地址映射到一个“安全”的 IP 地址上，这个地址是由防火墙使用的。但是，作为电路级网关也存在着一些缺陷，因为该网关是在会话层中工作的，无法检查应用层级的数据包。

规则检查防火墙结合了网络级防火墙、电路级网关和应用级网关的特点。同网络级防火墙一样，规则检查防火墙能够在 OSI 网络层上通过 IP 地址和端口号过滤进出的数据包。它也像电路级网关一样，能够检查 SYN 和 ACK 标记和序列数字是否逻辑有序。当然它也像应用级网关一样，可以在 OSI 应用层上检查数据包的内容，查看这些内容是否符合公司网络的安全规则。规则检查防火墙虽然集成了前三者的特点，但不同的是，它并不打破客户机/服务器模式来分析应用层的数据，允许受信任的客户机和不受信任的主机建立直接连接。规则检查防火墙不依靠与应用层有关的代理，而是依靠某种算法来识别进出的应用层数据，这些算法通过已知合法数据包的模式来比较进出的数据包，这样从理论上就能比应用级代理在过滤数据包上更有效。

目前在市场上流行的防火墙大多属于规则检查防火墙，因为该防火墙对用户透明，在 OSI 最高层上加密数据，不需要用户去修改客户端的程序，也不用对每个需要在防火墙上运行的服务额外增加一个代理。如现在最流行的防火墙：OnTechnology 软件公司生产的 OnGuard 和 Checkpoint 软件公司生产的 FireWall-1 防火墙都是规则检查防火墙。

（4）防火墙的使用。在具体应用防火墙技术时，还要考虑到以下 3 个方面的内容：一是防火墙是不能防病毒的，尽管有不少的防火墙产品声称其具有这个功能；二是数据在防火墙之间的更新很难，如果延迟太久将无法支持实时服务请求；三是防火墙采用滤波技术，滤波通常使网络的性能降低 50%以上，如果为了改善网络性能而购置高速路由器，又会大大增加预算。

总之，防火墙是企业网安全问题的流行方案，即把公共数据和服务置于防火墙外，使其对防火墙内部资源的访问受到限制。作为一种网络安全技术，防火墙具有简单实用的特点，并且透明度高，可以在不修改原有网络应用系统的情况下达到一定的安全要求。

（5）防火墙的缺陷。防火墙不是万能的，一般都存在以下缺陷：

- 防火墙不能防范内部用户的攻击。恶意的外部用户直接连接到内部用户的机器上，以内部用户的机器为跳板，就可以绕过防火墙进行攻击。
- 不能拦截带病毒的数据在网络之间传播。
- 防火墙不能防止数据驱动式攻击。有些表面看来无害的数据被邮寄或复制到 Internet 主机上，被执行而发起攻击时就会发生数据驱动攻击，防火墙也无能为力。

因此，防火墙只是整体安全防范政策的一部分。有时，我们还需要对内部网的部分站点加以保护，以免受内部其他站点的侵袭。

3. 防病毒技术

网络防病毒技术包括三类技术：预防病毒、检测病毒和清除病毒。对付病毒最基本的方法是预防病毒进入系统，但由于系统的开放性，这个目标通常难以实现。一个比较可行的反病毒方法是利用防病毒软件检测、识别病毒并加以清除。利用检测技术，在程序被感染时能够马上察觉，并进而确定病毒的位置；利用识别技术，在发现病毒时确定已感染程序里面的病毒类型；在识别出特定病毒后，删除已感染程序里面的所有病毒，使它恢复到最初的状态。在清除病毒时，要从所有受感染的系统中删除该病毒，以防止该病毒继续扩散。

对于已经感染了病毒的计算机，首先应当将没有感染任何病毒的系统盘插入光驱或软驱进行启动，然后再采取消除病毒的措施。

不过，正像医疗一样，病毒也应重在预防，因为系统一旦染上病毒，如同病人的肌体一样，也已经受到不同程度的损害。预防应该做到以下几点：

- 及时给操作系统打上漏洞补丁。
- 对外来的 U 盘或光盘，应先使用杀毒软件检测确认无毒后再使用。
- 系统软盘和重要数据盘要贴好写保护口，防止被感染。
- 在硬盘无毒的情况下，尽量不要使用软盘启动系统。
- 对于重要系统信息和重要数据要经常进行备份，以使系统遭到破坏后能及时得到恢复。系统信息主要指主引导记录、引导记录、CMOS 等。重要数据是指日常工作中自己创作、收集而来的数据文件，如手工输入的文章、股票数据等。
- 经常使用查毒软件对计算机进行预防性检查。
- 对于网络上的计算机用户，要遵守网络软件的使用规定，不在网络上随意使用外来的软件。
- 留意各种媒体有关病毒最新动态的报道，注意反病毒商的病毒预报。及时了解计算机病毒的发作时间，并事先采取措施，如 CIH 病毒的发作时间为 4 月 26 日，可以通过修改系统日期跳过这一天而避免其发作。
- 安装正版杀毒软件并及时升级。千万不要相信盗版的、解密的、从别处复制来的杀毒软件。因为这些软件包不但杀毒能力极低，而且非常有可能本身携带有恶性病毒，结果成了携带和传播病毒的“罪魁祸首”。
- 条件允许时，安装防病毒保护卡。

尽管采取了各种防范措施，有时仍不免感染病毒。因此，前述的检测和消除病毒方法仍是用户维护系统正常运转所必需的工作。检测和消除病毒通常可以使用两种方法：一种是使用通常的工具软件，另一种是使用杀毒软件。目的都是判断病毒是否存在以及确定病毒的类型，并合理地消除病毒。

4. 入侵检测技术

（1）入侵检测概述。入侵检测的目标就是从信息系统和网络资源中采集信息，分析来自网络内部和外部的信号，实时对攻击做出反应。其主要特征是使用主机传感器监控系统的信息，实时监视可疑的连接，检查系统日志，监视非法访问，并且判断入侵事件，迅速做出反应。

入侵检测系统处于防火墙之后，对网络活动进行实时检测。许多情况下，由于可以记录和禁止网络活动，所以入侵检测系统是防火墙的延续，可以和防火墙、路由器配合工作。入侵检测系统（Intrusion Detection System，IDS）与系统扫描器（System Scanner）不同。系统扫描器是根据攻击特征数据库来扫描系统漏洞的，它更关注配置上的漏洞而不是当前进出用户主机的流量。在遭受攻击的主机上，即使正在运行着扫描程序，也无法识别这种攻击。

入侵检测是通过从计算机网络或计算机系统中的若干关键点收集信息并对其进行分析，从中发现网络或系统中是否有违反安全策略的行为和遭到袭击迹象的一种安全技术。

1980 年，美国人詹姆斯·安德森发表的《计算机安全威胁监控与监视》第一次详细阐述了入侵检测的概念。1986 年，乔治敦大学研究出了第一个实时入侵检测专家系统。1990 年，加州大学开发出了网络安全监控系统，该系统第一次直接将网络流作为审计数据来源，因而可以在不将审计数据转换成统一格式的情况下监控异种主机。从此，入侵检测系统发展史翻开了新的一页，两大阵营正式形成：基于网络的 IDS 和基于主机的 IDS。1988 年之后，美国开展了对分布式入侵检测系统的研究，将基于主机和基于网络的检测方法集成到一起。从 20 世纪 90 年代到现在，入侵检测系统的研发呈现出百家争鸣的繁荣局面，并在智能化和分布式两个方向上都取得了长足的进展。按照分析方法或检测原理可以分为基于统计分析原理的异常入侵检测和基于模板匹配原理的误用入侵检测；按照体系结构可以分为集中式入侵检测和分布式入侵检测；按照工作方式可以分为离线入侵检测和在线入侵检测。

（2）常用的入侵检测手段。入侵检测系统常用的检测手段有特征检测、统计检测和专家系统。据我国公安部计算机信息系统安全产品质量监督检验中心的报告，国内送检的入侵检测产品中 95%是属于使用入侵模板进行模式匹配的特征检测产品，其他 5%是采用概率统计的统计检测产品与基于日志的专家知识库系统产品。

1）特征检测。特征检测对已知的攻击或入侵的方式做出确定性的描述，形成相应的事件模式。当被审计的事件与已知的入侵事件模式相匹配时，即报警。原理上其与专家系统相仿。其检测方法与计算机病毒的检测方式类似。

2）统计检测。统计模型常用异常检测，在统计模型中常用的测量参数包括审计事件的数量、间隔时间、资源消耗情况等。常用入侵检测的 5 种统计模型为操作模型、方差、多元模型、马尔柯夫过程模型和时间序列分析。

统计方法的最大优点是它可以“学习”用户的使用习惯，从而具有较高的检出率和可用性。但是它的“学习”能力也给入侵者以机会，通过逐步“训练”使入侵事件符合正常操作的统计规律，从而通过入侵检测系统。

（3）专家系统。专家系统对入侵进行检测，主要针对有特征入侵行为。所谓的规则即知识，不同的系统与设置具有不同的规则，且规则之间往往没有通用性。运用专家系统防范有特征入侵行为的有效性完全取决于专家系统知识库的完备性，知识库的完备性又取决于审计记录的完备性与实时性。入侵的特征抽取与表达是入侵检测专家系统的关键。在系统实现中，将有关入侵的知识转化为 if-then 结构（也可以是复合结构），if 部分为入侵特征，then 部分是系统防范措施。

5. 虚拟专用网（VPN）技术

虚拟专用网（Virtual Private Network，VPN）就是在两个网络实体之间建立的一种受保护的连接，这两个实体可以通过点到点的链路直接相连，但通常情况下它们会相隔较远的距离。VPN 技术有两种基本的连接模式：传输模式和隧道模式。这两种模式实际上定义了两台实体设备之间传输数据时所采用的不同封装过程。通常情况下，VPN 的类型分为站点到站点 VPN

和远程访问 VPN。

（1）站点到站点 VPN。站点到站点 VPN 就是通过隧道模式在 VPN 网关之间保护两个或更多的站点之间的流量，站点间的流量通常是指局域网之间（L2L）的通信流量。L2L VPN 多用于总公司与分公司、各分公司之间在公网上传输重要业务数据。

（2）远程访问 VPN。远程访问 VPN 通常用于单用户设备与 VPN 网关之间的通信连接，单用户设备一般为一台 PC 或小型办公网络等。VPN 连接的一端为 PC，可能会让很多人误解远程访问 VPN 使用传输模式，但因为该种 VPN 往往也是从公网传输关键数据，而且单一用户更容易成为黑客的攻击对象，所以远程访问 VPN 对于安全性的要求较高，更适用于隧道模式。

要想实现隧道模式的通信，就需要给远程客户端分配两个 IP 地址：一个是它自己的 NIC 地址，另一个是内网地址。也就是说，远程客户端在 VPN 建立过程中同时充当 VPN 网关（使用 NIC 地址）和终端用户（使用内网地址）。

6.4 网络安全法规与社会责任

6.4.1 安全保密管理

加强计算机网络和信息系统的安全保密工作是时代发展的客观要求。信息化、网络化成为当今时代的重要特征。计算机网络作为国家的关键基础设施和战略命脉，其安全保密状况直接关系着国家的安全与发展。当前，计算机网络空间的信息控制与反控制、窃密与反窃密的斗争日趋激烈，网络安全保密已成为国际社会关注的焦点。

由于网络安全保密关乎国家的安危、民族的兴衰，许多国家把它作为国家安全战略的重大课题，列入发展规划，投入了大量的人力、物力和财力。我国也建立了相应的机构，做出了战略部署。下面从几个方面来分析网络安全。

1. 安全保密行政管理

坚持“两手抓”，一手抓技术防范，一手抓行政管理。安全保密行政管理包括以下内容：

（1）要确保计算机信息系统的操作和维护人员可靠。

（2）计算机信息系统正式启用前要进行安全保密检查。

（3）严格划分系统的密级。

（4）采取必要的屏蔽、干扰措施。

（5）对秘密信息的读取和传输采取认证和加密措施。

（6）加强教育，建立健全法规制度。

2. 当前安全保密存在的主要问题

我国网络信息安全保密当前存在的主要问题如下：

（1）安全保密意识淡薄，重建设、轻防护的现象比较突出。

（2）主要软硬件依赖进口，泄密隐患严重。

（3）安全保密技术落后，防护能力低下。

（4）组织管理跟不上，缺乏宏观规划，规章制度不健全、不严格。

3. 目前信息系统面临的主要安全问题

（1）网络信息的安全问题：主要威胁有“特洛伊木马”程序、拒绝服务攻击、入侵、网络欺骗、信息窃取和病毒等。

（2）关键设备依赖进口的问题：隐含有后门。

（3）电磁辐射问题。

（4）保密意识问题：WWW、BBS 等泄密，介质丢失、被盗泄密等。

4. 提高计算机在网络上的安全性

在联网的计算机上工作，操作者必须养成一些良好的安全习惯。

（1）不要随便运行不太了解的程序，如“特洛伊木马”类黑客程序就需要欺骗用户运行程序后才能起到窃密作用。

（2）密码设置尽可能使用字母数字混排，保护重要信息的密码最好经常更换。

（3）在使用过程中，如遇到系统的提交警告或要求提供密码等情况，要特别谨慎，最好先查看源代码，因为这很可能是黑客模拟的，目的是骗取密码。

5. 计算机信息系统的安全保密措施

（1）对计算机机房、终端室、数据库、控制中心应加强安全保卫，并设置报警系统。

（2）对计算机机房进行屏蔽或配备干扰器，防止计算机的电磁波辐射和外来的干扰。

（3）对使用计算机的用户活动情况进行登记，特别是所使用的终端、上机时间、处理的数据等，便于分析发现异常的情况。

（4）对重要的数据、文件应有备份，一旦发生窃密事件，可及时恢复原始数据。

（5）对在通信线路上传播和在数据库中存储的秘密数据进行加密，可由软件或硬件来实现。

（6）加强磁介质的抹除技术，防止数据被抹去后仍然能从残存的信息中提取复原。对记录有重要信息的磁介质不得重新使用，应随数据一起销毁。

6. 网络信息系统安全保密工作应坚持的原则

（1）同步建设。统一规划，统一设计，同步实施，同步发展。

（2）分级保护。做到“上网微机不涉密，涉密微机不上网”。

（3）综合治理。一手抓技术，一手抓管理。

（4）统筹兼顾。网络建设与应用必须考虑安全保密。

7. 网络信息系统安全保密的目标

按照“先进、科学、可靠、适用”的标准，以“非法用户进不来，秘密信息取不走，网络基础摧不垮”为目标。

6.4.2　与信息系统发展相关的法律法规

联合国《电子数据交换及贸易数据通信有关手段－法律方面的统一规则草案》形成了国际 EDI 法律基础，美国犹他州制定了世界上第一个《数字签名法》，联合国国际贸易法委员会（UNCITRAL）通过了《电子商务示范法》，起草了《电子签名统一规则》，新加坡公布了电子交易法案，欧盟发布了《电子签名统一框架指令》1999/93/CE，美国签发了《全球、国内电子商务签章法》，联合国国际贸易法委员会通过了《电子签字示范法》等。

我国在信息安全立法方面出台或实施的相关政策、法律、法规有《2006—2020 国家信息化发展战略》《治安管理处罚法》《信息安全等级保护管理办法》《电子银行安全评估指引》《互联网络安全保护技术措施规定》《互联网电子邮件服务管理办法》《国家通信保障应急预案》《银行业金融机构信息系统风险管理指引》《商用密码科研管理规定》《商用密码产品生产管理规定》《商用密码产品销售管理规定》《网络安全审查办法》等。

当前我国信息化发展也存在着一些亟待解决的问题，主要表现为信息安全问题仍比较突出。在全球范围内，计算机病毒、网络攻击、垃圾邮件、系统漏洞、网络窃密、虚假有害信息和网络违法犯罪等问题日渐突出，如应对不当，可能会给我国社会经济的发展和国家安全带来不利影响。

全面加强国家信息安全保障体系建设，坚持积极防御、综合防范，探索和把握信息化与信息安全的内在规律，主动应对信息安全挑战，实现信息化与信息安全协调发展；坚持立足国情，综合平衡安全成本和风险，确保重点，优化信息安全资源配置；建立和完善信息安全等级保护制度，重点保护基础信息网络和关系国家安全、经济命脉、社会稳定的重要信息系统；加强密码技术的开发利用；建设网络信任体系；加强信息安全风险评估工作；建设和完善信息安全监控体系，提高对网络安全事件的应对和防范能力，防止有害信息的传播；高度重视信息安全应急处理工作，健全完善信息安全应急指挥和安全通报制度，不断完善信息安全应急处理预案；从实际出发，促进资源共享，重视灾难备份建设，增强信息基础设施和重要信息系统的抗毁能力和灾难恢复能力。

对于信息化法制建设，《2006—2020 国家信息化发展战略》明确指出："加快推进信息化法制建设，妥善处理相关法律法规制定、修改、废止之间的关系，制定和完善信息基础设施、电子商务、电子政务、信息安全、政府信息公开、个人信息保护等方面的法律法规，创造信息化发展的良好法制环境。"

从 1994 年发布了《计算机信息系统安全保护条例》至今，经过近 20 年的法制建设，我们可以粗略找到的信息安全法律法规已有近百部。可以说，我们的各级立法部门和政府已经做了大量的工作。但在操作实践中，法律的缺位和不到位现象还经常出现，肆虐横行的违法犯罪行为似乎依然有恃无恐，信息安全法制环境还没有给予用户随时随地、强大有力的安全感。究其原因，我们认为，信息安全政策法律法规中法律的严重不足是主要原因。我们共同期待，在不久的将来，有关信息安全方面的法律法规会日益完善，网络安全防护措施也会日臻成熟。

第 7 章　病毒与后门技术

7.1　计算机病毒

7.1.1　概述

1982 年，15 岁的高中生里奇・斯克伦塔（Rich Skrenta）写了一个名为 Elk Cloner 的小程序，该程序运行于 Apple Ⅱ操作系统上，并在软盘之间传播。计算机每启动 50 次，就会显示“我将感染你所有的磁盘，并像胶水一样黏着你（译文）”的文字。这个恶作剧性质的小程序在他的同学和老师间广泛传播，并因此被载入史册，成为公认的世界上第一个计算机病毒。如图 7.1 所示就是该病毒发作时的屏幕显示信息。

```
Elk Cloner:
The program with a personality

    It will get on all your disks
      It will infiltrate your chips
        Yes it's Cloner!

    It will stick to you like glue
      It will modify ram too
        Send in the Cloner!
```

图 7.1　Elk Cloner 的屏幕显示

生物界的病毒是一种没有细胞结构，只有蛋白质外壳包裹的病原体生物，如 H5N1、SARS、HIV 等病毒，它们都不能独立生存，必须寄存在其他生物的细胞里才能生存，同时又对该种生物造成很大危害。

计算机病毒与生物医学上的病毒有很多相同点，都具有寄生性、传染性和破坏性。计算机病毒一般都会寄生在用户的正常文件中，而且会伺机发作并大量地复制病毒体，感染本机的其他文件和网络中的计算机。与生物病毒不同的是，计算机病毒并不是天然存在的，它们是别有用心的人利用计算机软硬件所固有的安全缺陷有目的地编制而成的。从广义上讲，凡是人为编制的，干扰计算机正常运行并造成计算机软硬件故障，甚至破坏计算机数据、可自我复制的计算机程序都是计算机病毒。《中华人民共和国计算机信息系统安全保护条例》中明确定义：“计算机病毒，是指编制或者在计算机程序中插入的破坏计算机功能或者毁坏数据，影响计算机使用，并能自我复制的一组计算机指令或者程序代码。”

7.1.2　计算机病毒的特点

计算机病毒可由网页、电子邮件、文件等特定的载体传播，进而寄生并隐藏在宿主计算机中，在特定的条件下，对宿主计算机的资源进行破坏，具有传播性、破坏性、感染性、隐蔽性、可触发性、自我更新、免杀能力等特点。

1. 传播性

计算机病毒一般会利用电子邮件、网页等载体传播。例如，位列全球十大病毒的“爱虫”病毒就是通过 Outlook 电子邮件系统传播的，邮件主题是“I Love You”。如果打开邮件和附件，该病毒会自动向通讯簿中的所有收件人发送邮件副本，最终阻塞邮件服务器。其变种“新爱虫”还能够大量消耗系统资源，造成系统崩溃。

2. 破坏性

计算机中毒后，会导致相关资源受到不同程度的损坏。轻者文件被修改或删除，重者硬盘被格式化或系统崩溃，某些威力强大的病毒甚至可以破坏引导扇区或 BIOS。例如，臭名昭著的“CIH 病毒”发展至 1.2 版本时，增加了破坏用户硬盘和 BIOS 的代码功能，正是这一“改进”使其成为恶性病毒，从 1998 年到 2001 年，全球累计超过 6000 万台计算机被其破坏，损失超过 10 亿美元。如图 7.2 所示就是当年“CIH 病毒”引起的恐慌。

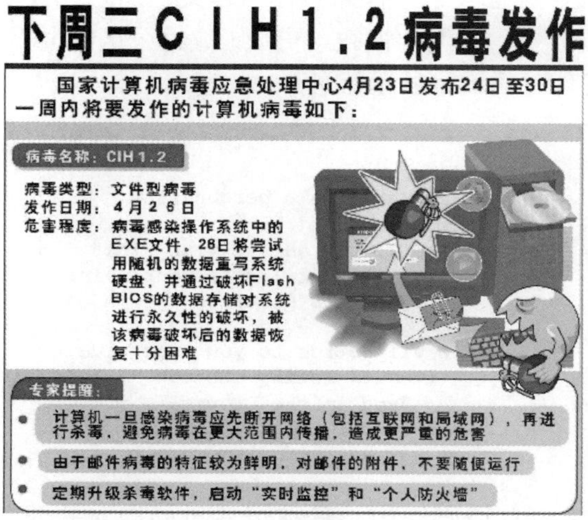

图 7.2 “CIH 病毒”引起的恐慌

3. 感染性

感染性即自我复制，这也是计算机病毒最根本的特征。病毒执行时，会自动搜索满足传染条件的程序或存储介质，一旦确定目标，马上将病毒代码插入其中。如果不及时处理，病毒会在宿主计算机上迅速扩散，并通过各种可能的渠道（U 盘、网络等）传染其他的计算机。例如“红色代码”病毒，在开始发作的 9 小时内传染了 35 万多台计算机，造成了 12 亿美元的经济损失。

4. 隐蔽性

计算机病毒的隐蔽性体现在：一是体积小，病毒大小通常仅几个 KB（“CIH 病毒”1.2 版本仅 1003 字节）；二是会隐身，一些病毒会隐藏在某个系统关键进程中或隐藏在某个正常的文档中；三是会躲藏，病毒会修改自己的文档名，然后藏身在成千上万的系统文件夹中。

5. 可触发性

可触发性是指某些病毒在满足特定的条件时才开始攻击和传染。这些条件可能是日期、时间、文件类型、特定的数据等，如果不满足条件，病毒会继续潜伏。例如著名的“黑色星期五”病毒只在满足日期是 13 号，并且是星期五的条件下才执行。

6. 自我更新

自我更新是近年来病毒的一个新特征。高频率的自我更新使得杀毒软件根本无法识别。例如著名的“熊猫烧香”病毒就曾经有自己的“病毒升级服务器”，使被感染的计算机通过网络自动更新病毒版本，最密集的时候一天升级 8 次，进而成功逃脱杀毒软件的检查。据不完全统计，该病毒变种达 90 多个，感染“熊猫烧香”病毒的用户高达几百万。如图 7.3 所示就是该病毒发作时感染了该病毒的所有.exe 文件。

图 7.3　“熊猫烧香”病毒发作

7. 免杀能力

免杀能力是指病毒具有对抗反病毒软件和病毒防火墙这些“天敌”的能力。病毒运行后，会自动破坏杀毒软件和防火墙，并强制终止杀毒软件进程，还可以自动修改系统时间导致一些杀毒软件过期进而作废。

7.1.3 计算机病毒的分类

1. 木马

木马通常有两个作用：①控制者可以取得远程计算机的账户、密码，控制其监控摄像头，进行文件操作，甚至取得全部控制权；②用户一旦感染了木马，就会成为被黑客控制的僵尸（也称为“肉鸡”）。黑客一旦掌控了一个庞大的“僵尸网络”，就可以在特定的时间，指挥成千上万的“僵尸”向特定的目标主机群攻，造成目标主机瘫痪。

2. 蠕虫

蠕虫的特点是通过计算机网络传播，所以它是迄今为止影响范围最大、传播速度最快的一类病毒。2002 年出现的“冲击波”病毒及其变种让人们真正开始对蠕虫谈虎色变，据微软公司的统计数据，在“冲击波”病毒爆发的时期，全球约有 1600 万台计算机被“冲击波”病毒及其各个变种袭击。

3. 脚本病毒

脚本病毒是用 VBScript 脚本语言编写，通过网页和电子邮件附件进行传播的病毒。之前提到的“红色代码”和“爱虫”等都属于脚本病毒，当用户打开被感染的网页或电子邮件时，就已经不知不觉地中毒了。

4. 恶意程序

恶意程序对计算机的危害不是很大，但是会泄露用户隐私或恶意修改浏览器。例如有些流氓软件和间谍软件会强制安装到用户主机，并且很难用常规的方法卸载，其目的通常是收集用户上网习惯、窃取账号密码、修改浏览器、弹出广告窗口等。

5. 宏病毒

宏病毒是用微软 Office 办公软件的宏语言编写的，因此只感染 Office 文档，能够将文件改名、乱复制文件、改变文件存储位置、使文件不能打印、关闭部分菜单功能。例如曾被列入国际计算机安全协会（International Computer Security Association，ICSA）恶性病毒数据库的“Taiwan NO.1”宏病毒在每月的 13 日发作，让所有的编写工作无法进行，并且要求输入一道复杂乘法运算的答案，一旦答错，就立即自动开启 20 个文档，然后出下一个题目，直到耗尽系统资源为止。

6. 文件型病毒

文件型病毒主要感染计算机中的可执行文件（.exe）和命令文件（.com），一旦用户运行这些文件就会被感染。此类病毒目前危害不大，但有些文件型病毒依然不容忽视，它们开始针对压缩文件等其他文件类型，并利用蠕虫技术传播。

7.2 反病毒软件

反病毒软件是一种用于查杀和防御计算机病毒、木马、其他恶意程序的软件，通常包含实时监控、识别、扫描、清除、自动更新病毒库的功能，是计算机防御体系的重要组成部分。目前的杀毒软件很多都是免费的，如 360 杀毒、QQ 管家、百度卫士等。

7.2.1 反病毒软件的工作原理

反病毒软件就是一个信息分析系统，它会随着操作系统的启动而常驻内存，具有以下 4 个基本功能：

（1）监控：自动监控所有在内存、硬盘、移动存储设备和网络之间的数据流。

（2）扫描：根据用户的需要，对指定存储器上的文件进行检查。

（3）判断：将监控或扫描的信息与病毒数据库进行比对，如果其符合任何一个病毒的特征，即判断已被病毒感染。

（4）清除：一旦发现被感染，立即清除病毒。

7.2.2 其他主要技术

新的病毒技术不断翻新，导致病毒越来越狡猾、越来越隐蔽，这就要求反病毒软件不断更新技术，以应对挑战。下面介绍反病毒软件的其他主要技术。

（1）自我保护：防止病毒结束反病毒软件的进程或篡改重要文件和系统日期，使反病毒软件失效。

（2）修复：修复被病毒破坏的操作系统文件，避免系统崩溃、无法启动。

（3）自动升级：计算机一旦接入互联网，反病毒软件就自动连接升级服务器查询最新的病毒数据库和扫描引擎，如果需要就立即下载并升级。

（4）脱壳：相对于病毒的加壳，此技术可以对压缩文件、加壳文件、加花文件和封装文件进行分析。

（5）文件校验和：计算正常文件的校验和，并与之后同一文件的校验和比较异同，以此判断文件是否感染了病毒（此方法不依赖病毒数据库）。

（6）进程行为监测：监视正常程序的动作，若发现罕见的行为，立即报警（此方法不依赖病毒数据库）。

（7）数据保护：通过虚拟化生成与现有主机操作系统完全一致的虚拟镜像，并与真实的操作系统完全隔离，进而保护主机不被感染。

（8）云安全：识别和查杀病毒不再仅仅依靠本地硬盘的病毒数据库，而是依靠庞大的网络服务，实时进行采集、分析和处理，整个互联网就是一个巨大的“反病毒软件”，参与者越多就越安全。目前许多主流厂商都相继推出了云安全解决方案。

用户一定要经常查杀计算机病毒，如每星期自动扫描一次、每个月全盘手动扫描一次，并把重要的资料放在系统分区以外的分区中，这样重装系统的时候不会轻易丢失文件。只要保持良好的计算机使用习惯，就可以大大降低中毒概率，使自己的计算机更安全。

7.3　病毒技术进阶

由于大量杀毒软件的出现，以及杀毒软件病毒库的不断壮大，病毒被查杀的几率也越来越大。所以有些病毒就开始通过加壳的方法来伪装自己，企图骗过杀毒软件而蒙混过关。为了做好病毒防御，就应该了解什么是加壳、加壳的对立面——脱壳、如何脱壳等。

7.3.1　壳的概念

计算机软件里有一段专门负责保护软件不被非法修改或反编译的程序。它们一般先于程序运行，取得控制权，然后完成保护软件的任务。这样的程序称为“壳”。从功能上抽象地讲，软件的壳和自然界中的壳相差无几，无非是保护、隐藏壳内的东西。而从技术的角度来讲，壳是一段执行于原始程序前的代码。原始程序的代码在加壳的过程中可能被压缩、加密，当加壳后的文件被执行时，壳这段代码先于原始程序运行，它把压缩、加密后的代码还原成原始程序代码，然后把执行权交还给原始代码。软件的壳分为加密壳、压缩壳、伪装壳、多层壳等类，目的都是隐藏程序真正的 OEP（程序的入口点）。编好软件后，要编译成 EXE 文件。一些版权信息需要保护起来，不让别人随便改动，如作者的姓名。为了保护软件不被破解，通常采用加壳来进行保护。加壳需要把程序做得小一点，从而方便使用。于是，需要用到一些软件，它们能将 EXE 文件压缩。而在黑客界中“壳”则被用于保护病毒，给木马等软件加壳脱壳，以躲避杀毒软件，给网络带来很多麻烦。

7.3.2　病毒加壳

在间谍电影里，特工们往往有神奇莫测的化装术，甚至可以变换成另一个身份，国内对于这种伪装行为有个通俗的说法——“穿马甲”。而这种正与邪的争斗已经延伸到了病毒领域，很多病毒作者通过给病毒“穿马甲”，甚至有穿多个“马甲”的方式，使病毒躲避杀毒软件的查杀，这种技术就是加壳。病毒作者可以通过给老病毒加壳，大批量制造出杀毒软件无法识别的新病毒。所谓加壳，是指通过一系列数学运算改变 EXE 文件或动态链接库文件的编码（目前还有一些加壳软件可以压缩、加密驱动程序，以达到缩小文件体积或加密程序编码的目的）。当被加壳的程序运行时，外壳程序先被执行，然后由这个外壳程序负责将用户原有的程序在内存中解压缩，并把控制权交还给脱壳后的真正程序。一切操作自动完成，用户不知道也无须知道外壳程序是如何运行的。一般情况下，加壳程序和未加壳程序的运行结果是一样的。

既然加壳后的病毒不易被发现，那么如何判断一个 EXE 文件是否被加了壳呢？有一个简单的方法（对中文软件效果较明显）：用记事本打开一个 EXE 文件，如果能看到软件的提示信息则一般是未加壳的，如果完全是乱码的则多半是被加壳的。我们还可以使用一些专门的工具来查看文件具体加的是什么壳。

病毒加壳的原理很简单，现在黑客营中提供的病毒很多是经过处理的，而这些处理就是所谓的加壳。当一个普通的 EXE 文件生成后，可以利用诸如资源工具和反汇编工具很轻松地对它进行修改，但如果程序员给 EXE 文件加一个壳，至少这个加了壳的 EXE 文件就不是那么好修改了。如果想修改就必须先脱壳。病毒加壳后也是同样的道理，必须先为病毒脱壳。

7.3.3 软件捆绑

现在流行的“流氓软件”大致由捆绑而产生。软件捆绑的种类繁多，几乎涉及了计算机日常使用的方方面面，归纳起来大致有以下几类：即时通信、网络浏览、网络搜索、病毒查杀、影音播放、英汉词典、文字处理、图像处理等，这些捆绑软件在主程序安装时大多以复选框的形式出现。

软件的捆绑在形式上也有很多种：安装时提醒并可选、默认插件安装、不可预见的强制性安装。可以看到，安装时提醒并可选还是比较人性化的，毕竟是否需要取决于用户。因为这些捆绑的软件并不只在一个软件里出现，它可能被很多软件捆绑，在安装时就会出现重复的现象。例如，3721 上网助手、百度工具栏等软件就出现在多种软件里被集成使用。

7.4 后门程序

7.4.1 概述

后门程序也属于木马的一种，又称为特洛伊木马，用途在于潜伏在计算机中，以收集信息或便于黑客进入。后门是一种登录系统的方法，它不仅可以绕过系统已有的安全设置，还能挫败系统上各种增强的安全设置。后门从简单到复杂，有很多种类型。简单的后门可能只是建立一个拥有管理员权限的新账号或者接管一个很少使用的账号；复杂的后门可能会绕过系统的安全认证而对系统拥有安全存取权限。例如，当用户输入特定密码时，一个后台管理程序就能够以管理员的权限来控制系统。

后门、木马和远程控制软件的不同之处：所谓后门，是程序开发者为了完善自己设计的程序而开设的特殊接口（通道），便于自己对程序进行修改，一般都拥有最高权限；木马则利用后门或已发现的漏洞非法入侵用户计算机；至于远程控制，则是更广泛的概念，它是一种技术，包括使用木马或者其他手段，也包括正当用途的远程管理和维护，如 Windows 的远程桌面连接、赛门铁克的 PCAnywhere 等，远程控制技术就是一把双刃剑。

7.4.2　后门程序的分类

1. 网页后门

网页后门其实就是一段网页代码，主要以 ASP 和 PHP 代码为主。这些代码都运行在服务器端，攻击者通过这段精心设计的代码，在服务器端进行某些危险的操作，提升自己对服务器的控制权。

2. 线程插入后门

攻击者利用系统自身的某个服务或线程，将后门程序插入其中。这种后门程序在运行的时候并没有自己的独立进程，所以具有很强的隐蔽性，非常难以查杀。

3. 扩展后门

扩展后门是将非常多的功能集成到后门里，让后门本身就可以实现很多功能，如文件上传/下载、服务启动、端口开放等。

4. C/S 后门

C/S 后门类似于传统的木马程序，采用“客户端/服务端”的控制方式，通过某种特定的访问方式来启动后门，进而控制服务器。

7.4.3　防止后门的技术手段

后门对于计算机的威胁并不在于后门本身，而是通过后门会为入侵者打开一个新的通道。很多严格的认证都有可能由于后门的存在而被绕过，所以防范后门比查找后门往往更有意义。因为只有提早发现后门，才能避免服务器受到进一步的危害。下面简单列出一些常见防范后门的方法。

（1）管理人员要定期对网络中的主机进行扫描，提前发现漏洞并进行修补，避免后门。

（2）关闭不常用的服务和端口，发现异常的服务或端口时及时检查。

（3）利用第三方工具加强防范，如启用防火墙，启用木马入侵检测工具，使用 IceSword（冰刃）等工具查找异常进程并对进程进行处理。

（4）规范对服务器的配置，严格遵守各种安全策略和规则。通过以上方式可以减小后门被利用的可能性，但是无法完全封堵后门。归根到底，要加强管理人员的安全意识，提高巡视的频率，避免此类问题的出现。

7.5　即时通信病毒分析与防范

7.5.1　即时通信病毒概述

即时通信（Instant Message，IM）病毒是指通过即时通信软件（如 MSN、QQ 等）向用户的联系人自动发送恶意消息或文件来达到传播目的的病毒。IM 类病毒通常有两种工作模式：一种是自动发送恶意文本消息，这些消息一般都包含一个或多个指向恶意网页的网址，收到消息的用户一旦点击或打开了恶意网页，就会从恶意网站上自动下载并运行病毒程序；另一种是利用即时通信软件的传送文件功能将自身直接发送出去。

目前主流的IM系统大多采用客户端/服务器模式。用户在注册获取IM账号之后可以通过IM客户端登录到IM服务器，之后用户就可以与其他在线用户进行即时通信。用户可以收发即时信息，进行文件传输，还可以进行音频甚至视频交流，用户之间的通信数据可能是直接在IM客户端之间传输，也可能是通过IM服务器转发。IM软件面临的安全威胁日益严重，主要的威胁有蠕虫病毒的攻击、IM系统不安全的连接、不安全的数据交换和不安全的信息保存策略等。

7.5.2 即时通信病毒的攻击方式

1. 利用蠕虫攻击

蠕虫病毒是无须计算机使用者干预即可运行的独立程序，它通过不停地获得网络中存在漏洞的计算机上的部分或全部控制权来进行传播。目前，有大量可以利用IM应用和IM系统漏洞进行传播的蠕虫病毒，这些蠕虫病毒会给IM用户发送包含URL链接的消息，或者给IM用户发送文件传输的请求，当用户接受这些请求时，恶意程序也随之进入了用户的设备。大多数IM蠕虫病毒还会在被感染的IM客户端上收集用户的联系人信息，然后给这些联系人发送这些危险的信息，从而在短时间内诱使更多的设备感染上蠕虫病毒。

2. 利用系统配置信息攻击

IM客户端中有很多与安全相关的配置信息，比如是否对接收到的文件进行病毒扫描、被添加为其他用户的联系人之前是否要求许可、是否共享文件和路径、改变配置信息时是否需要输入密码等。很多IM应用将这些配置信息以明文形式保存在IM系统文件或Windows注册表中，攻击者很容易通过木马等工具修改这些信息，从而绕开IM系统中相关的安全设置对用户进行攻击。此外，很多IM系统将用户的通信记录以明文形式保存在系统中，这不但使得这些信息很容易泄露，而且也无法为用户提供基于通信消息的抗抵赖性证明。

3. 利用不安全的连接攻击

对于当前主流的IM系统来说，一个主要的安全威胁来自于它们开放的、不安全的连接。除了在注册/登录的时候进行认证之外，IM系统很少采取措施来保护通信连接的安全，包括客户端与服务器、客户端与客户端、服务器与服务器之间的连接安全。目前，IM系统的通信连接普遍缺乏认证、机密性和完整性保护，攻击者可以利用IM病毒进行会话劫持攻击，给用户发送虚假的消息，甚至耗尽客户端或服务器的资源而使它们崩溃。

4. 利用不安全的数据交换攻击

在数据交换方面，IM应用中传输的数据主要包括即时消息和文件（可能还包括音频和视频流），IM系统普遍缺乏对这些数据的保护。因此，既无法保障它们的机密性和完整性，也无法验证它们的来源。以Skype为例，虽然它加密了所有端到端通话和即时消息，但是其加密方案完全依赖于IM系统本身，缺乏用户的参与。

7.5.3 防范即时通信病毒

为了防范IM病毒，不少主流的IM厂商都开发出了专门针对自己IM系统的安全工具。下面以目前国内使用最普遍的腾讯QQ为例，介绍QQ安全工具——腾讯电脑管家的使用方法。

（1）打开腾讯电脑管家主界面，如图7.4所示，单击“全面体检”按钮。

图 7.4　腾讯电脑管家主界面

（2）电脑管家将会对计算机系统及 IM 系统进行病毒、木马和异常项的综合扫描。针对操作系统进行包括浏览器、系统漏洞、垃圾文件等各类检查，针对 QQ 软件进行包括目录文件安全性、流行盗号木马、劫持组件和快捷方式等检查，并给出检查后的报告，如图 7.5 所示。

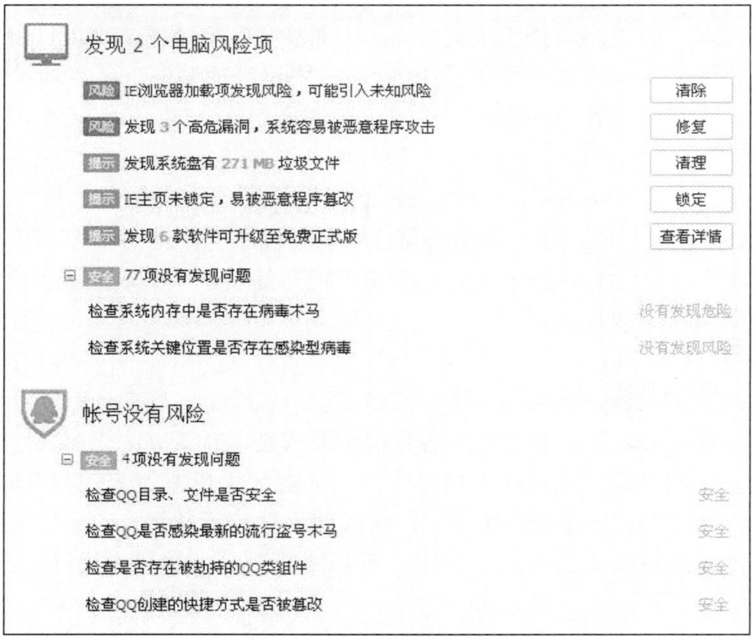

图 7.5　安全扫描报告

（3）单击“修复风险”按钮，电脑管家将会自动修复计算机系统及 QQ 软件所存在的各类安全问题，全面杜绝病毒、木马等通过 QQ 进行传播的安全隐患。从一般意义上说，IM 厂商开发的专用安全工具由于具有较强的针对性，对即时通信类病毒的查杀效果要比普通的杀毒软件更好。

7.6 手机病毒分析与防范

7.6.1 手机病毒概述

智能手机的强大功能要求需要相对开放的手机专用操作系统的支持，从而促使第三方开发厂商和运营厂商开发出属于自己的手机软件来满足某些业务或娱乐的需求，以促进移动业务链的快速发展。开放性在为移动业务增添活力的同时，也为利用手机传播病毒、在手机中植入木马、破坏手机功能、盗用手机内部信息、浪费网络资源等各种破坏行为提供了可能。

手机病毒是指对手机操作系统产生破坏和控制、给终端用户造成损失、对移动网络资源造成浪费的恶意程序。下面详细介绍手机病毒的类型。

1. BUG 类手机病毒

BUG 类手机病毒是针对手机操作系统漏洞的攻击方式。随着手机终端操作系统的标准化，各个操作系统厂商为了赢得更多的市场，将会向第三方开放自己的操作系统，而正是由于操作系统的开放性使得攻击者有了更好的机会，他们会分析各个操作系统存在的漏洞，寻找适当的攻击手段来对手机终端进行攻击。

2. 短信类手机病毒

短信类手机病毒主要是利用短信的方式针对手机操作系统本身缺陷而编写的一种进行恶意攻击或操作的代码。由于短信是手机最常用的功能之一，因此该类病毒具有很大的危害性。目前出现的短信类手机病毒主要有利用手机的 SMS 协议处理漏洞、手机对某些特殊字符的处理漏洞、手机操作系统应用软件的漏洞三类。

3. 炸弹类手机病毒

炸弹类手机病毒是利用短信网站或网关漏洞向手机发送大量短信，进行短信拒绝服务攻击。典型的是利用各大门户网站手机服务的漏洞，编写程序不停地用某个手机号码订阅某项服务或者退订某个服务，致使大量垃圾短消息填满手机存储器，不仅干扰了手机的正常通信，而且使手机的存储空间和电池很快耗尽。

4. 蠕虫类手机病毒

蠕虫类手机病毒主要是利用蓝牙手机的缺陷进行传播的，大部分蓝牙设备在发售时并没有开启蓝牙安全功能，在蓝牙设备受到访问时也不要求密码认证，这使得其他蓝牙设备能够随意访问这些设备。一般来说，当蓝牙手机接收到其他蓝牙手机发过来的信息时会弹出对话框，征询用户是否接收和安装，如果用户拒绝，该病毒就无法进行传播。但是随着手机蠕虫技术的发展，现在已经出现了许多未公开的、在用户不知情的情况下加载和执行的漏洞。

5. 木马类手机病毒

近几年随着安卓手机操作系统的普及，出现了许多针对安卓操作系统的木马程序，木马编写者在程序中植入了向某一目的地发送短消息的代码，当木马启动时会不断地向移动网络发起某种业务请求。对于用户来说，可能需要支付大量的费用（这种业务大都是高收费业务）；而对于网络运营商来说，由于木马程序一直发送请求，则会对移动网络形成 DoS 攻击，浪费宝贵的移动网络资源。

7.6.2　手机病毒的攻击方式

手机病毒的攻击方式主要有三类：一是攻击服务器；二是攻击和控制网关；三是直接对手机进行攻击。前两者主要针对手机移动服务商，后者则直接针对用户手机。

1. WAP 服务器的攻击

攻击 WAP 服务器使 WAP 手机无法接收正常信息。无线应用协议（Wireless Application Protocol，WAP）可以使小型手持设备（如手机等）方便地接入 Internet，完成一些简单的网络浏览操作功能。手机的 WAP 功能需要专门的 WAP 服务器来支持，一旦有人发现 WAP 服务器的安全漏洞并对其进行攻击，手机将无法接收到正常的网络信息。

2. “网关”的攻击与控制

通过攻击和控制网关可以向手机发送垃圾信息。网关是网络与网络之间的联系纽带，利用网关漏洞同样可以对整个手机网络造成影响，使手机的所有服务都不能正常工作，甚至可以向大范围的手机用户批量发送垃圾信息。

3. 直接攻击手机本身

直接攻击手机本身会使手机操作系统无法提供服务或者私自进行其他方面的破坏活动。这是一种名副其实的手机病毒，也是目前手机病毒最为重要的一种攻击方式。

7.6.3　防范手机病毒

1. 养成良好的手机上网行为习惯

防范手机病毒的一个重要方法是形成良好的手机上网行为习惯，尽量不要登录那些不知名的手机网站，更不要随便安装第三方的手机应用软件。

2. 关闭蓝牙

通过关闭手机蓝牙功能能够在很大程度上预防手机蠕虫病毒，特别是在公共场合时，不要轻易接受陌生用户的蓝牙消息。

3. 拒收陌生的短信与彩信

有许多手机病毒都是通过短信或彩信功能传播的，因此避免接收陌生的短信或彩信，不要轻易点击短信中的陌生链接地址。

4. 安装手机杀毒软件

各安全厂商都推出了自己的手机版杀毒软件，如 360、金山、瑞星等，用户可以在网上下载并安装。由于手机操作系统的多样性，使得各个厂商针对不同的手机、不同的操作系统开发出了不同版本的杀毒软件，目前大部分手机杀毒软件都拥有多个版本，支持各类手机操作系统，它们可以进行基本的全盘杀毒、目标杀毒，也可以进行实时监控，就像计算机中的杀毒软件一样，可对短信、彩信、程序等进行实时监控。

下面以国内最常用的手机杀毒软件——360 安全卫士为例来介绍手机杀毒软件的使用方法。

（1）在手机上打开 360 安全卫士主界面，如图 7.6 所示。

（2）点击“手机体检”图标对手机进行全面检查，生成检查报告，报告内容包括系统漏洞、后台软件、垃圾文件等，点击“一键修复”按钮对手机进行全面修复，如图 7.7 所示。

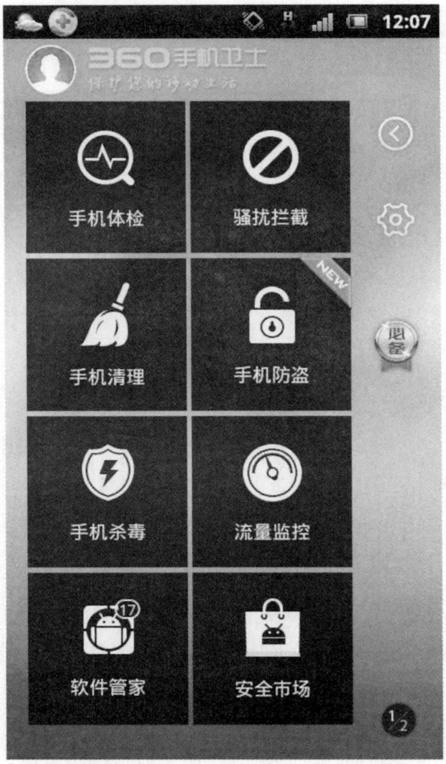

图 7.6　360 安全卫士主界面

（1）手机体检　　　　　（2）一键修复

图 7.7　手机体检与修复

（3）点击“返回”按钮回到 360 安全卫士主界面，点击“手机杀毒”图标，对手机病毒进行查杀，如图 7.8 所示。

（1）手机杀毒

（2）完成杀毒

图 7.8　手机病毒查杀

习　　题

1. 简述蠕虫病毒的特点、分类和传播方式。
2. 简述反病毒软件的工作原理和主要技术。
3. 简述木马的特点。
4. 简述后门、木马和远程控制软件的区别与联系。
5. 简述即时通信病毒的特点和攻击方式。
6. 简述手机病毒的特点和攻击方式。

第 8 章　大学生网络安全

8.1　网 络 犯 罪

自 1966 年美国查处的第一起计算机犯罪（单机）案件以来，世界范围内的计算机犯罪就从未停止过，并且每年都以惊人的速度在增长。随着计算机网络的兴起和普及，网络犯罪作为与网络的产生和发展相伴而生的一种犯罪类型，逐渐成为我国的第一大犯罪类型，而且可以预见，未来绝大多数违法犯罪都可能借助网络实施。

8.1.1　网络犯罪的概念

从不同的角度出发，国内外学者对网络犯罪概念的界定略有不同。在我国，网络犯罪通常是指行为人在网络空间内，以计算机网络为犯罪工具或者攻击对象而实施的严重危害社会的行为，包括网络工具犯罪和网络对象犯罪。其中，网络对象犯罪又包括以网络为获利来源的犯罪行为和以网络为侵害对象的犯罪行为。

《全国人民代表大会常务委员会 关于维护互联网安全的决定》将国际互联网犯罪分为 5 类：危害互联网运行安全的犯罪；危害国家安全和社会稳定的犯罪；危害社会主义市场经济秩序和社会管理秩序的犯罪；危害个人、法人和其他组织的人身、财产等合法权利的犯罪；构成犯罪的其他行为等。

8.1.2　网络犯罪的主要特征

与传统的违法犯罪相比，网络犯罪由于是借助网络工具实施犯罪，因而表现出与传统违法犯罪不同的新特征。

1. 隐蔽性更强

在网络空间中，参与者的身份都具有虚拟性的特征，犯罪分子在实施网络犯罪的过程中，充分利用这一特点进行身份伪装，试图逃避执法部门的追查。同时，网络的开放性、跨时空性等特征也给犯罪活动提供了便利，犯罪分子可以不受时间和地域的限制而随意作案，作案后留下的线索也相当有限，并且嫌疑人自始至终都可以不接触受害人，这些都直接提升了网络犯罪的隐蔽性。

2. 侦查难度更大

网络犯罪的隐蔽性为违法犯罪主体提供了有利的屏障，网络犯罪现场的虚拟性使得犯罪的时间、地点和手段很难确定，犯罪分子不但可以逃避摄像头的监控隐藏个人真实身份，还可以轻松实现跨区域作案，这些都直接增加了侦破工作的难度。同时，侦查人员在对网络犯罪进行调查取证时，往往要进入计算机信息系统获取个人信息或公司资料，除了涉及保密问题外，也增加了取证的难度。随着网络信息技术的不断发展，犯罪手段不断更新还将继续挑战侦查工作的能力。

3. 危害范围更广

网络犯罪是伴随着计算机技术和网络技术的发展而出现的，由于当前的计算机网络已延伸到了政治、经济、文化、科技等各个重要领域，因此网络犯罪所造成的危害是传统犯罪所无法比拟的。网络犯罪除了传统的对人们的财产进行侵犯外，还危及了社会公共安全甚至国家安全。此外，网络犯罪危害的地域空间也更广，以“蠕虫式”的勒索病毒 WannaCry（又叫 Wanna Decryptor）为例，2017 年爆发的 WannaCry 勒索病毒至少造成全球 150 个国家受到网络攻击，影响范围涵盖教育、医疗、金融、能源等各个领域。在此次网络攻击事件中，我国 Windows 操作系统用户遭受感染，校园网用户首当其冲，受到严重侵害。

8.1.3　大学生网络犯罪的主要形式

随着现代技术的迅猛发展，网络犯罪主体低龄化、高智商化的特点使得大学生这一群体成为网络犯罪的主要增长点之一，以计算机网络为载体的大学生犯罪案件日益增多。下面介绍当前我国大学生网络犯罪的主要形式。

1. 网络色情传播

受经济利益的驱使，个别大学生通过色情网站或网络通信工具贩卖、传播淫秽图片、动画、影音等色情信息；为色情网站制作、提供淫秽图片、视频音频文件等，或者通过网站、APP 等方式进行裸聊等直播表演。

2. 网络造谣传谣

大学生思想活跃，容易接受新鲜事物，但同时其世界观、人生观和价值观尚未完全成熟，对网络信息真实性的判断能力较差，法律意识比较淡薄，很容易成为网络谣言的传播者，甚至为了一己私利而成为网络谣言的制造者。

3. 网络黑客攻击与病毒传播

个别大学生在掌握一些简单的编程知识后，出于好玩或者好奇等原因，冒险实施一些危害计算机信息网络安全的违法犯罪行为。计算机病毒传播或网络黑客攻击对计算机信息网络安全危害巨大，轻则造成数据丢失、局部功能损坏，重则造成计算机系统瘫痪并引发其他巨大损失。

4. 网络盗窃

大学生实施网络盗窃的行为类型主要有两种：一种是窃取密码、账号型，通常利用熟人关系秘密窃取他人金融账号和密码等，对账户上的资金进行消费、挪用、转移，给他人造成经济损失；另一种是窃取网络虚拟财产型，利用一些技术手段，侵入计算机系统，盗窃游戏公司的游戏虚拟货币，给他人造成经济上的损失。

5. 网络诈骗

大学生法制观念比较淡薄，为满足个人不断增长的物质需求，个别大学生铤而走险，利用网络的虚拟性和隐蔽性实施诈骗，最常见的方式主要有：一种是通过网络商务活动进行诈骗，如发布虚假网购信息诱人汇款等；另一种是利用网络进行伪装冒充他人实施诈骗，如冒充熟人借钱等；还有的明知是违法犯罪活动却仍然为诈骗公司“工作”赚取工资。

8.1.4 大学生网络犯罪的主要原因

1. 主观因素

（1）法律意识淡薄。个别大学生由于缺乏法律意识，并没有意识到自己的行为已经构成了违法犯罪。特别是在虚拟网络上，常常认为自己只是点点鼠标和敲敲键盘，并没有意识到自己的行为已经侵犯了他人的权利，甚至在被公安机关抓获时还以为自己只要把事情讲清楚就可以回学校继续学习。

（2）自控能力较差。大学生各方面还处在成长阶段，心智发展不成熟，自我控制能力较差，很容易受不良思想的影响而产生诸如不劳而获的心理。再加上大学生本身社会经验不足，若受金钱至上、淫秽色情等负面信息的影响或好奇心、表现欲的驱使，贪图眼前利益而缺乏深思熟虑，很容易受违法犯罪分子的鼓动而从事网络犯罪。

（3）经济利益驱使。在现今物欲横流的社会中，大学生这一群体难免不受影响，校园中攀比的不良风气助长了不理性消费，扭曲的人生观和价值观往往会导致许多大学生错误地以物质追求作为个人成就的评判标准，放弃了最基本的网络道德，忘记了最基本的法律约束，进行网络犯罪活动。

（4）存在侥幸心理。传统违法犯罪中，违法犯罪嫌疑人实施违法犯罪行为时一般都会同受害人有直接接触，内心往往会承受着巨大的心理压力，并且时刻担心被发现和抓获。但网络犯罪中，虚拟性、非接触性的特点往往使犯罪分子减轻了自己实施犯罪行为的负罪感，甚至并没有认识到自己实施的是一种危害社会的行为，而隐蔽性的特点又会使违法犯罪人员抱着可以逃避法律制裁的侥幸心理。

2. 客观因素

（1）网络环境复杂。随着互联网的普及和网络技术的发展，网络上的信息量以几何级的速度在增长。网络信息不仅庞大，而且复杂，既有大量有益、健康的信息，也存在不少虚假、恶趣甚至反动的信息。经常上网的大学生往往出于好奇心或者无意被动接触到各类不良信息，如色情、暴力、恐怖信息等。这些负面信息都容易诱使缺乏辨别力的大学生产生不良的动机，诱发网络违法犯罪行为。

（2）网络监管不严。相比于日新月异的网络技术发展速度，我国网络安全防护技术和网络安全监督管理比较落后。据有关调查显示，70%的网络犯罪案件都与网络监管不严有关。网络系统筛选过滤功能弱、安全系数低也为网络犯罪提供了滋生空间，给大学生的网络犯罪埋下了隐患，而网络监管不力则在客观上给了违法犯罪分子以可乘之机。

（3）网络立法不完善。为了加强网络监管，加大对网络违法犯罪活动的打击力度，近些年我国先后颁布实施了《互联网信息内容管理行政执法程序规定》《互联网新闻信息服务管理规定》《中华人民共和国网络安全法》等法律法规。但在网络监管和打击网络违法犯罪行为的实践中，相比网络犯罪的增长、更新速度，网络立法显得较为滞后，需要不断加以完善。

8.1.5 大学生网络犯罪防控

近年来，大学生网络犯罪案件频发，大学生已成为网络犯罪中一个不可忽视的群体。大学生作为国家的主要生力军，网络违法犯罪危害非常大，必须予以高度重视。预防和控制大学生网络犯罪是一项复杂的系统工程，需要全社会不同层面共同参与和努力。

1. 政府和社会层面

（1）完善法律体系。网络世界虽然是一个虚拟的空间，但它与现实社会一样，都需要一定的规则以保障良好的秩序与安全的环境。目前，随着《中华人民共和国网络安全法》等相关法律法规的颁布与实施，我国在互联网管理领域早已摆脱了无法可依、无章可循的尴尬局面，但针对网络安全中出现的各种新问题、新形势，法律体系仍需不断完善，执法部门对网络犯罪的处罚力度仍需加强。

（2）加强监管力度。目前，互联网已经融入我们生活的方方面面，为现实世界增添了更多的精彩与可能。但是，如果没有强有力的监管作为保障，那么各种网络乱象便会应运而生，成为犯罪分子活动的法外之地，直接危害互联网的长远发展。因此，根据互联网与现实社会全面融合的特点和网络监管的现状，我国形成了由国家网信部门统筹协调，国务院电信主管部门、公安部门和其他有关机关依法在各自职责范围内负责网络安全保护和监督管理的工作机制。

（3）净化网络空间。针对目前网络空间中形形色色的网络信息和网络文化，相关职能部门需加大查处和整治力度，充分发挥现代科技力量，采取积极措施净化网络空间。专业管理部门要严密监控互联网的入口，控制不良信息源头，对进入的信息要“过滤”，封杀色情、暴力、虚假等信息，最大限度地阻止各类不良信息在网络上流传。全社会要提倡文明上网、办网，增强网站的自律性，自觉把好信息传播的第一道关口，共同建立绿色网络环境。

2. 学校和家长层面

（1）加强法制教育。对大学生进行相关法律教育，把法律教育贯穿于大学生活的各个阶段与各个领域，让大学生掌握基本的法律常识，增强法制观念，增强学生的辨别能力和自我防范能力，从思想上预防大学生网络犯罪的发生。通过讲解身边典型案例让大学生清楚什么是网络犯罪、网络犯罪类型有哪些、网络犯罪的严重后果等，发挥法律法规应有的震慑作用。

（2）加强宣传引导。学校和家庭要根据大学生身心发展的特点与规律，重视宣传教育与引导，让大学生自觉地把网络作为学习工具和获取知识的渠道，而不是作为不良信息的传播方式和实施违法犯罪行为的工具。加强道德教育，宣扬中华民族优良传统美德、社会主义核心价值观等内容，帮助大学生树立正确的人生观、价值观，提升大学生的道德修养，使大学生能自觉过滤和抵制网络上庸俗的、片面的、消极的信息。

3. 个人层面

（1）遵守相关法律法规。目前，我国在网络管理和网络安全领域先后颁布和实施了数十部法律法规，涉及计算机安全和网络安全的各个领域，如《互联网上网服务营业场所管理办法》《互联网新闻信息服务管理规定》《互联网文化管理暂行规定》《中华人民共和国网络安全法》等。作为新时代的大学生，一方面要主动学习相关的法律法规，知晓什么可为、什么不可为；另一方面要加强自律，自觉遵守相关法律法规，做到不违法，也会运用法律武器保护自身的合法权益。

（2）遵守网络道德准则。随着网络的不断普及和发展，网络中出现了许多不容回避的道德与法律的问题。网络道德建设作为网络法制建设的重要补充内容，对于规范网络行为、净化网络空间发挥着不可替代的作用。因此，作为大学生的我们应该不断加强网络道德修养，自觉遵守以下网络道德准则：

1）要善于网上学习，不浏览不良信息。

2）要诚实友好交流，不侮辱欺诈他人。

3）要增强自护意识，不随意约会网友。

4）要维护网络安全，不破坏网络秩序。

5）要有益身心健康，不沉溺虚拟时空。

8.2 网络诈骗

网络聊天、网络购物、互联网支付、网络转账等线上操作方式的普及极大地方便了人们的日常生活，同时网络的虚拟性特征也给违法犯罪提供了空间。数据显示，2018 年上半年，我国网民当中有 54%的人表示在过去半年当中遭遇过网络安全问题，主要表现为个人信息泄露、遭遇网络诈骗和上网设备遭遇木马病毒攻击。其中，遭遇网络诈骗占了很大比重，最高人民法院发布的《电信网络诈骗司法大数据专题报告》显示，网络类诈骗作为新兴的诈骗手段，在电信网络诈骗案件中占比从 2016 年的 34.66%大幅上升至 2017 年的 60.89%，未来几年将继续呈增长趋势。

8.2.1 网络诈骗的特点

网络诈骗是指违法犯罪分子利用网络平台，通过伪装身份并编造虚假信息，对受害人实施远程、非接触式诈骗，诱使受害人给违法犯罪分子转账或打款的违法犯罪行为，是电信诈骗违法犯罪活动中最为常见的一种类型。

与传统的街面诈骗形式相比，网络诈骗既有相似的部分，比如虚构事实、伪装身份、以非法占有财物为目的等，网络诈骗也有自己的一些特点，如下：

（1）非接触性。整个诈骗过程中违法犯罪分子与受害人无现实中的接触行为。

（2）虚拟性。违法犯罪分子实施诈骗活动时都需要借助网络平台，虚拟个人身份，虚拟事实，骗取受害人的信任。

（3）非现金性。受害人最终都通过网络转账或者 ATM 机转账的方式向违法犯罪分子提供的账户转入资金。

通常情况下，拥有以下心理特征的人员易被违法犯罪分子利用而遭遇诈骗：

（1）同情心、怜悯心比较泛滥的人员。

（2）喜欢贪图小便宜的人员。

（3）容易轻信他人的人员。

（4）好逸恶劳、急功近利的人员。

（5）懒于思考和辨别的人员。

8.2.2 网络诈骗的常见类型

1. 网络兼职诈骗

违法犯罪分子常常利用大学生想利用空闲时间赚点零花钱的心态设置网络兼职陷阱，最常见的主要有以下两种形式：

（1）通过设置多层门槛的方式骗取受害人的资金。首先要求成为会员并缴纳费用后才提供兼职信息，其次是要求缴纳一定的保证金，随后要求填写个人信息，并设法套取受害人的验证码等私密信息，最后要么“拉黑”玩失踪，要么给受害人介绍一些无法完成或不愿完成的工作让受害人主动放弃。

（2）以兼职“刷单”返佣金为名骗取受害人的本金。违法犯罪分子一般在受害人完成第一单操作时，会故意返还本金和 5%左右的佣金来骗取受害人的信任，随后会以各种理由要求受害人不断地增加刷单次数和刷单总金额，直至受害人意识到被骗为止。

上述两种诈骗形式套路完全不同，但都有一个共同的特征——要求受害人垫付资金。

2. 冒充身份诈骗

冒充身份诈骗是指违法犯罪分子利用网络世界的虚拟性和非接触性等特征冒充他人实施诈骗的一种诈骗类型，其中最为常见的方式有冒充亲朋好友、冒充国家机关公务人员、冒充客服等几种。

（1）冒充亲朋好友。诈骗分子冒充亲朋好友实施诈骗惯常的几个步骤：第一步是利用黑客技术或其他方式盗取他人的 QQ 账号、微信账号等网络账号，或者利用软件技术模拟他人电话号码，实现冒充他人；第二步是通过发信息或打电话的方式谎称其遭遇犯罪被抓、生病或车祸住院等紧急情况；第三步是要求受害人汇款或转账到指定账户。

（2）冒充公务人员。在冒充公务人员实施诈骗的过程中，诈骗分子会根据受害人的特征而冒充不同类型的国家机关公务人员。针对老年人，诈骗分子一般冒充公检法公务人员，以受害人涉嫌违法犯罪为由要求受害人配合调查并承诺严格保密，骗取受害人信任后，会以资金冻结为由让受害人将银行卡账户上的资金全部转入指定账户；针对刚买房、买车的人员，诈骗分子会冒充税务机关工作人员，以退税为由要求受害人配合操作，骗取受害人的银行卡信息、验证码信息等。

（3）冒充客服人员。根据不同的人群特征，不法分子会冒充各种类型的客服人员实施诈骗。针对网络购物人员，诈骗分子会在非法获取购物信息后冒充淘宝客服，主动说出购物人员个人信息和商品信息获取受害人的信任，随后以卡单需退款为借口要求受害人配合操作；针对机票购票人员，诈骗分子会冒充机场客服以机票改签为由要求受害人配合操作，提供银行卡号、验证码等私密信息。此外，诈骗分子还经常冒充银行客服、移动公司客服等身份实施诈骗。

3. 虚构中奖诈骗

违法犯罪分子常常借助网络平台，采取“广撒网”的方式，使用伪基站或者互联网技术随机发送虚假中奖信息，坐等“愿者上钩”，一旦有用户拨打“兑奖热线”或通过网络咨询，诈骗分子即以缴纳“个人所得税”“公证费”“转账手续费”等理由让受害人汇款来达到诈骗的目的。如果受害人表示不愿缴纳上述费用想放弃领奖时，诈骗分子甚至会以受害人违反约定需承担法律责任来要挟受害人。

4. 钓鱼网站诈骗

钓鱼网站诈骗是指违法犯罪分子利用各种手段仿冒真实网站的 URL 地址和页面内容，或利用真实网站的漏洞植入危险的 HTML 代码，借此套取用户银行账号、密码等私密资料的诈骗类型。最常见的有两种模式：一种是“守株待兔”式，违法犯罪分子编辑好钓鱼网站后，等待受害人主动（误入）进入该网站输入银行卡号、密码、验证码等信息，或者利用正规网站漏洞改动网页上的 QQ 号、电话等咨询类号码，等待受害人遇到问题时通过篡改的号码联系“客服”；另一种是“引君入瓮”式，违法犯罪分子伪装成工作人员，以系统升级或者系统故障为由要求受害人配合操作，随后通过发送网络链接引导受害人进入钓鱼网站，套取淘宝账号、银行卡号、密码及验证码等私密信息。

5. 木马植入诈骗

一般情况下，诈骗分子将木马程序伪装或隐藏起来，通过人为设置陷阱的方式诱骗受害人下载安装携带有木马病毒的软件或程序，从而将木马程序植入受害人的计算机中。诈骗分子通常采取以下几种方式来诱使受害人安装携带有木马病毒的软件或程序：一是利用人们贪小便宜的心理，以赠送小礼物的方式诱使受害人下载安装；二是利用人们的好奇心理，群发受害人本人或熟人的“艳照”“小三”“暗恋”等话题信息诱使受害人点击链接安装；三是利用人们的关切心理，群发受害人孩子在校表现、成绩等话题信息诱使受害人点击链接安装。

8.2.3 网络诈骗的防范技巧

1. 核实对方身份为首要原则

无论是哪种类型的网络诈骗，违法犯罪分子实施诈骗的前提都是必须伪装自己的身份，如冒充国家机关工作人员、客服人员、亲朋好友等。因此，在进行转账或者汇款操作前核实对方身份非常关键。

在核实对方身份时，切忌以下几点：

（1）主动猜测对方身份。

（2）通过 QQ、微信等方式核实身份。

（3）个人信息被对方验证后不假思索地相信对方。

一般情况下，对国家机关、企事业单位工作人员身份的核实，可以采取官网查询或者拨打 114 查询公开电话方式予以确认，切勿随意相信对方自述信息；对于亲朋好友 QQ、微信、手机发送过来涉及借钱、汇款等的信息，可以采取电话联系本人的方式进行确认，还可以多询问几个私密问题。在通过电话核实对方身份时，只相信自己“拨过去的”，不轻易相信“打进来的”。

2. 不轻易相信天上会掉馅饼

接到中奖的信息后，切记保持冷静，不要被中奖信息冲昏了头脑，正所谓“天上不会掉馅饼，掉了也不一定砸中你”。首先可以确认自己此前是否参与过抽奖活动，其次是想办法核实对方的身份，最后是判断对方提出的要求是否合理，正规机构、正规网站组织的抽奖活动是绝对不会让中奖者“先交钱，后兑奖”的。

3. 不随意点击可疑链接

对于来路不明的链接，要保持警惕，不要随意点击可疑链接，特别是点击链接后要求下载安装程序的，不下载非正规渠道的软件，防止计算机或手机等电子终端遭受木马攻击。如果点击链接跳转至网页界面，在无法核实网页是否是正规网站的情况下，不要随意填写个人的身份证号码、手机号码、银行卡卡号、密码、验证码等私密信息。

4. 坚决不透露私密信息

网络是公民个人信息泄露的重灾区，按照个人信息私密程度的不同可分为不同层级，其中诸如姓名、身份证号码、住址、电话号码、银行卡号等信息一般不要轻易提供给陌生人，而诸如密码、验证码等特别私密的重要信息更是不能透露给他人，养成定期更换密码的习惯，不同金融账户最好设置不同的密码。

5. 转账操作前三思而后行

随着现代科技的发展，资金转移变得越来越方便和快捷，但是资金一旦转出，一般情况下就很难撤销或申请退回，所以无论何种情况下，进行转账操作前务必三思而后行。转账操作前可询问自己以下 3 个问题：

（1）本次转账操作是否有安全保障。

（2）本人能否确认对方身份并找到对方。

（3）转账操作完成后是否有把握索要回这笔钱。

只要对上述 3 个问题中的一个存有疑虑，就应该谨慎对待。

6. 冷静面对积极寻求帮助

日常生活中，如果无法判断所接收的信息是否为诈骗信息、对方是否为诈骗分子，可积极寻求亲朋好友、老师或公安机关的帮助，正所谓“当局者迷，旁观者清”，切不可怀着试一试的心态去处理。在遭遇网络诈骗后，要尽量保持冷静，不要慌张，第一时间挂失和冻结相关账户并拨打 110 报警。

8.3 大学生信贷安全与防护

随着互联网的普及和互联网金融业态的兴起，通过网络进行贷款是很普遍的事情，需要贷款的当事人足不出户就可以完成所有贷款流程。但是，网上贷款在给人们带来便利的同时，也带来了很大的风险和隐患。对于涉世未深的大学生来说，掌握一定的网络信贷安全知识显得尤为重要。

8.3.1 网络贷款

网络贷款是指借款方与放款方通过网络平台完成借贷业务的新型借贷模式。该模式中借款申请的提交、资料的上传与审核、放款等流程均在线上完成，是小额借贷与互联网金融融合发展的产物。

与银行传统的线下贷款模式相比，网络贷款具有门槛低、手续简单、办理流程快、信息透明度高、风险分散等诸多优点，很大程度上解决了民间小额贷款的难题。但随着网络贷款爆发式的发展，由于相关法律法规缺失、监管体系不完善等原因，网络贷款引发的信息泄露、坏账率高、违法催款等问题也不断地暴露出来。

8.3.2 大学生网络贷款

1. 大学生网络贷款的主要类型

随着网络贷款模式的兴起，网络贷款公司迅速将目标瞄准了基数大、消费超前的大学生群体，并通过网络借贷平台将贷款业务不断地向高校延伸和拓展。目前校园借贷平台大致分为三类。

第一类是学生分期购物平台，旨在满足大学生购物需求，部分还提供低额度的现金提现服务，如趣分期、任分期等。

第二类是 P2P（Peer to Peer）贷款平台，是一种个人对个人的小额贷款网络交易模式，又可以根据运转模式以及承担责任大小的不同分为无担保线上模式、有担保线上模式、线下模式、线下与线上相结合模式。P2P 贷款模式也是目前管理较为混乱、存在问题较多、隐患较大的一种模式。

第三类是电商平台提供的信贷服务，如蚂蚁花呗、京东白条等。

2. 大学生网络贷款的风险及危害

（1）个人信息泄露。大学生在申请网络贷款的过程中，都要向网络借贷平台提供自己的姓名、身份证号码、联系电话、银行卡账号、本人照片等个人信息，甚至还包括就读学校班级信息、辅导员信息、亲属的信息等，非正规网络借贷平台往往会滥用这些信息，甚至将个人信息作为商品进行贩卖，以致上述人员会经常接收到一些垃圾信息或骚扰电话。如果此类信息被泄露给不法分子，更有可能会遭遇网络诈骗等不法侵害。

（2）催生无节制消费习惯。网络贷款平台通常采用招收校园代理的方式实施地推，大力鼓吹超前消费。由于网络贷款程序简单，贷款门槛也比较低，因此自制力较差的大学生很容易经不住诱惑，易产生冲动消费，助长相互攀比的不良风气，逐渐养成无节制消费的习惯。

（3）背负还款压力。大学生的还款能力有限，一旦借贷大学生进入“拆东墙补西墙”的恶性循环中，将会面对高额本息还款压力，贷款公司会采取电话催还、上门催收等各种方式催款，使得欠款学生面临着巨大的心理压力，根本无法安心学习和生活，甚至会引发极端事件。

（4）威胁人身安全。如陷入非法网贷，大学生还常常会面临各种暴力催收，直接威胁到个人的人身安全。对方常常会自行实施或雇佣社会闲散人员，采取语言威胁、恐吓甚至是非法带离、非法拘禁等不法手段达到催收欠款的目的，威胁自身和亲人的安全。

8.3.3 谨防校园套路贷

1. 什么是校园套路贷

校园套路贷是校园贷的一种异化类型，是套路贷伸入校园的一个分支形式，是违法犯罪分子以民间借贷为幌子、专门针对学生群体、以非法占有为目的的一种违法借贷模式，兼具校园贷和套路贷的特征。

2. 校园套路贷的主要特征

（1）贷款门槛低。借款人一般只需要提供个人的身份证、学生证、金融账号、联系电话等信息，就可以申请贷款，不需要任何抵押物品。但同时，贷款公司会要求借款人提供就读学校、暂住地址、家庭地址、亲属个人信息、老师同学个人信息等，方便其后期催还款。

（2）制造民间借贷假象。贷款公司以“小额贷款公司”的名义对外宣传，与借款人签订借款合同，制造民间借贷假象，并以“违约金”“保证金”等各种名目骗取被害人签订“虚高借款合同”“阴阳合同”等明显不利于被害人的合同。

（3）制造银行流水痕迹。贷款公司在与借款人签订完借款合同后，会按照合同上的借款金额全额转款至借款人的金融账户中，形成借款流水清单，随后再要求借款人向第三方支付“服务费”“担保费”等费用，刻意制造出借款人已经取得合同所借全部款项的假象。

以小陈为例，小陈向“贷款公司”借款 10000 元，在签订完合同后，对方会向小陈个人账户中转入 10000 元，随后要求小陈以现金的方式缴纳“服务费”“担保费”等费用，或者将上述费用转入第三方的个人账户上。

（4）恶意垒高借款金额。在借款人无力偿还的情况下，放款方会主动介绍其他假冒的“小额贷款公司”或个人，或者“扮演”其他公司与借款人签订新的“虚高借款合同”，以拆东墙补西墙的方式“缓解”眼前的债务危机，进一步垒高借款金额。

（5）催收方式花样多。利用借贷过程中收集到的借款人个人信息资料及其亲朋好友个人资料，对方会采取软硬兼施的策略不停“索债”，轻则发送逾期短信，拨打电话催款，联系贷款者家人、老师、同学，张贴大字报等；重则语言恐吓、强制带离、非法拘禁、殴打等，或者提起虚假诉讼，最终以达到侵占被害人或其亲属财产的目的。

8.3.4 校园套路贷的常见陷阱

1. 巧立名目收取高额手续费

贷款公司常常鼓吹贷款利率低，但实际上在借贷过程中常常设置“中介费”“服务费”“手续费”等其他名目收取高额费用，常常导致应偿还本金远高于实际获得贷款额。以小陈贷款10000 元为例，扣除“中介费”“服务费”“手续费”后，可能只剩下 9000 元，再扣除所谓的担保费后，实际到手的可能只有 8000 元。

2. 利用分期还款掩盖高利率真相

采用分期付款的方式，表面上看似减小了个人的还款压力，但实际上却掩盖了高利率的真相。同样以上述小陈的案例为例，贷款 10000 元，实际到手 8000 元，分 12 个月还清，每月偿还 917 元，感觉利率低、较划算，但实际偿还 11000 元，按照实际到手的费用是 8000 元来计算，折合年利率已高达 37.5%。

3. 逾期还款后果非常严重

网贷公司只要在合同或电子授权上取得你的个人授权，一旦出现逾期还款，后果非常严重，一方面是扣除所谓的保证金，另一方面往往还需要按天计算利息，并且实行复利计息或利滚利，本息连还导致严重超出个人承受能力，陷入债务偿还的恶性循环。

8.3.5 网络信贷安全防护措施

1. 树立正确的消费观，积极倡导理性消费

坚持树立正确的消费观念，自觉摒弃攀比心理，坚决抵制严重超出个人偿还能力的超前消费、过度消费等错误的消费观念，努力养成艰苦朴素、勤俭节约的良好作风。积极倡导理性消费，克服虚荣心理，根据自身能力合理规划支出。

2. 坚决抵制非法网贷，正常资金需求寻求家长或学校的帮助

不要轻易听信校园贷的各种推广宣传，不要怀揣侥幸心理，不充当非法网贷平台的宣传员，坚决抵制各类非法网贷行为。确因生活困难、学业、创业需要申请贷款的，应主动向家长或学校反映情况，征求父母、家人的意见，在家长或学校的帮助下通过正规渠道办理助学贷款。

3. 一旦陷入非法校园贷，第一时间报警求助

如果不慎陷入“培训贷”“回租贷”“美容贷”等校园贷陷阱或遭遇其他民间借贷纠纷，要保持冷静并积极面对，第一时间向学校、家长报告情况，拨打 110 向当地公安机关报案，寻求合法途径解决问题，维护自身合法权益。

2017 年 9 月，多部门发文明确：“任何网络贷款机构都不允许向在校大学生发放贷款。”随着管理部门相继出台有关文件，校园贷泛滥趋势得到了有效遏止。然而类似陷阱却不会止于此，只有树立正确的世界观、人生观、价值观，理性看待金钱，树立风险防范意识，才不会落入“迭代更新”的陷阱之中。

8.4 案例及点评

8.4.1 网络犯罪案例

2014 年 12 月至 2015 年 3 月，姜某与何某通过互联网发送“相册.APK”木马病毒，骗取广州、成都等多地的手机用户点击相关链接下载安装到手机上，之后利用植入的木马病毒程序盗取中毒手机用户的个人信息，通过网上支付的方式盗刷中毒手机用户绑定的银行卡购物。据统计，中“相册.APK”木马病毒的手机多达 12658 部，受害人 50 余名，被骗金额累计达 25 万元。2015 年 3 月，公安机关成功破获该案件，姜某、何某犯盗窃罪、诈骗罪，数罪并罚被当地人民法院判处有期徒刑。

2017 年 5 月至 6 月期间，初中文化水平的黄某自学 Fiddler 工具软件教程，随后利用某酒店“元生态”微信公众号支付安全漏洞，使用 Fiddler 工具侵入该酒店“元生态”会员系统后台修改充值数据，然后以极低的价格购买消费券，充值会员卡，并到该酒店消费 9000 多元。随后被公安机关抓获，被当地人民法院以盗窃罪判处刑罚。

点评：在移动互联网快速普及的时代，网络黑客攻击早已不是新鲜的名词，从“熊猫烧香”到 WannaCry 勒索病毒大爆发，各种网络犯罪层出不穷，危害程度有增无减。与传统的犯罪相比，网络犯罪呈现出许多新的特征。掌握网络犯罪的一些基本知识，对于当代大学生抵御网络犯罪、保护自身安全具有非常重要的意义。

8.4.2 网络诈骗案例

2018 年 9 月，重庆某高校女大学生张某在 QQ 群内看到一则刷淘宝信誉的兼职信息，与 QQ 昵称为“***客服”的网友联系后，对方让张某采取扫描二维码支付的方式购买商品，声称完成任务后可赚取 5%的佣金。张某怀着试一试的心态做了 1 单价值 100 元的业务后，对方很快就把佣金和本金返到张某的支付宝账户里。于是张某又按照对方的要求拍了 1 单价值 500 元的任务，但对方称需要完成 3 单才算任务完成，接着张某又拍了 2 单，共支付 1500 元，但对方称刷单总金额必须超过 2000 元才行，张某因为已经支出了 1500 元，所以又拍了 1 单 500 元，然而对方仍然以各种理由要求张某继续刷单才能返钱，张某拍满 5000 元后坚决要求对方先返佣金和本金，对方没有同意并将张某“拉黑”，张某这才意识到自己被骗了。

点评：该案例中张某在大学闲暇时间利用兼职赚点零花钱的初心是好的，但很明显张某的网络安全防范意识比较薄弱，违法犯罪分子正是利用了大学生赚钱心切、安全防范能力差等特点，实施各类诈骗违法犯罪活动。

8.4.3 网络信贷案例

重庆某高校大三学生张某，日常开销比较大，因觉得正规平台借款金额不够用，又通过网贷平台贷款了 4000 元。贷款后为了偿还旧贷，他开始寻找新的网贷平台，后又向另外 5 家平台借钱还贷，以拆东墙补西墙的方式勉强维持。

2016 年 5 月，张某在网贷平台的贷款全部逾期，高额的逾期费让张某彻底失去了还款能力。为了还款，张某卖掉了自己的手机和笔记本电脑等个人物品，但这远远不够。随后催款公司开始陆续给张某的父亲和辅导员打电话，告知他们张某的欠账金额，甚至还到张某就读的学校找张某，逼其还钱。毕业后，张某为了躲避滚雪球般越来越庞大的债务，无法在固定的企事业单位工作，生活质量也受到严重影响。

点评：个别大学生为了攀比和满足虚荣心，在不考虑个人偿还能力的情况下肆意贷款，很容易给自身带来诸多麻烦和遭遇校园套路贷。

习　题

1．谈谈网络科技发展的利与弊。

2．你认为当代大学生应如何规范个人的上网行为。

3．结合身边的真实案例，谈谈大学生应如何防范网络诈骗。

4．思考网络贷款的利与弊，如何正确使用网络贷款？

参 考 文 献

[1] 吕润桃，赵金考，覃国萍．计算机信息检索与利用[M]．2版．北京：中国水利水电出版社，2018．

[2] 姚奇富．网络安全技术[M]．北京：中国水利水电出版社，2015．

[3] 姚淑敏．思维导图在小学语文长文章阅读教学中的应用研究[D]．天津：天津师范大学，2021．

[4] 秦玉友，王玉姣．不让未成年人成为“被手机耽误的一代”——未成年人手机沉迷问题分析与教育干预[J]．中国电化教育，2022（2）：1-7，14．

[5] 吴鑫．小学创客教育初级人工智能作品的设计——以开源机器人“小菠萝”存钱罐作品为例[J]．现代教育技术，2018，28（6）：122-126．

[6] 安彦斌．从韩国高中“人工智能数学”课程看高中数学课程与人工智能教育的衔接[J]．数学教育学报，2022，31（05）：36-40．

[7] 戴晓娥．整合视野下信息技术与语文教学深度融合的实践探索[J]．中国电化教育，2015，（3）：110-114．

[8] 李礼．新媒体时代信息技术对大学英语教育的影响研究[J]．化工学报，2021，72（1）：632．

[9] 杜显峰．互联网+背景下高校智慧型体育场馆建设研究[J]．工业建筑，2022，52（5）：258．

[10] 王飞，徐继存．大中小学劳动教育实施现状的调查研究[J]．课程.教材.教法，2020，40（2）：12-19．

[11] 冯建军．道德教育：如何面对陌生人[J]．教育研究，2022，43（7）：42-53．

[12] 吴重涵，张俊，刘莎莎．现代家庭教育：原型与变迁[J]．教育研究，2022，43（8）：54-66．

[13] 李柱．教育信息化2.0时代师范生TPACK能力培养研究——以《教育技术应用》课程为例[D]．宁夏：宁夏大学，2022．

[14] 赵文静．汉语国际教育硕士实习中的教学反思能力研究——以江西高校为例[D]．江西：江西科技师范大学，2022．

[15] 卢静在．小学数学游戏教学的现状及提升策略研究[D]．新疆：新疆师范大学，2022．

[16] 张雨明，何磊磊，王凯．新时代背景下关于加强大学生网络安全教育的路径探索[A]．香港新世纪文化出版社．Procedings of 2022 the 6th International Conference on Scientific and Technological Innovation and Educational Development[C]．香港新世纪文化出版社：香港新世纪文化出版社有限公司，2022：667-668．

[17] 杨波．大数据背景下大学生网络安全教育探讨[J]．山东干部函授大学学报（理论学习），2022（9）：54-57．

[18] 侯小红，郝杰骏．基于数据的大学生网络安全意识现状分析[J]．网络安全技术与应用，2022（8）：90-93．

[19] 沈晨仕，梁皓．移动互联网视域下大学生网络安全观培育研究[J]．哈尔滨职业技术学院学报，2022（4）：66-68，72．
[20] 殷竹钧．新形势下大学生网络安全意识状况实证调查研究[J]．淮阴师范学院学报（哲学社会科学版），2022，44（4）：336-341，406．
[21] 雷育胜，周恒洋．系统论视域下大学生网络安全意识教育谫论[J]．学校党建与思想教育，2022（12）：67-69．
[22] 宣立颖．大学生搜索引擎信息检索行为现状分析[J]．吉林化工学院学报，2021，38（10）：79-81，96．
[23] 王龙华．大学生信息检索能力培养对策——评《文献信息检索实用教程》[J]．热带作物学报，2021，42（9）：2790．
[24] 塔程程．基于信息检索课的大学生信息检索行为调查研究[J]．吉林化工学院学报，2021，38（8）：76-79．
[25] 杨宾峰，郑燕，蒋雨佳．基于信息检索课程教学的大学生信息素养培育研究[J]．河南科技学院学报，2021，41（2）：67-73．
[26] 张鹤琼．信息检索对提高大学生综合素质的作用[J]．教育教学论坛，2020（52）：367-368．